14 horas en nuestro universo

14 horas en nuestro universo

Irene Romo

matchstories

MatchStories es una colección de Esencia Editorial

Avda. Diagonal, 662-664, 08034 Barcelona (España)
www.planetadelibros.com

Primera edición: mayo de 2025
ISBN: 978-84-08-30331-2
Depósito legal: B. 6.886-2025
Composición: Realización Planeta
Impresión y encuadernación: QP Print
Printed in Spain - Impreso en España

Para quienes sienten miedo, pero no dejan que los frene.
Para quienes sentimos miedo, pero no dejamos que nos frene.

Cuando quieres realmente una cosa,
todo el universo conspira para ayudarte a conseguirla.

Paulo Coelho

Prólogo

Vera

¿Alguna vez has pensado en todas las palabras que existen y en la cantidad de ellas que no llegaremos a conocer nunca?

Yo tampoco me lo había planteado antes.

No es un pensamiento que aparezca de la nada en nuestra mente.

Además, cuando aprendemos una palabra nueva, no podemos dejar de reproducirla en nuestra cabeza e intentamos sacarla a colación en cualquier conversación..., especialmente si esta ha supuesto un descubrimiento o nos ha abierto una perspectiva distinta.

Es lo que me ocurre a mí. Desde aquella noche no dejo de darle vueltas a esa palabra y a todo lo que significa. Lo que él me ha mostrado que significa.

Pronoia.

No la había oído jamás y seguramente, si no lo hubiera conocido, tampoco habría sabido de su existencia en toda la vida. Pero tanto ella como lo que implica y lo que significa para nosotros es tan bonito que solo puedo sonreír cada vez que la recuerdo saliendo de sus labios.

Ahora todo se basa en él y esa palabra. En cómo el universo conspira a nuestro favor para que todo sea perfecto..., como lo fuimos nosotros bajo el cielo de Cuenca; como si todo hubiera sido orquestado por ese conjunto de trillones de estrellas para que él y yo tuviéramos nuestro momento.

Sin embargo, también resulta un arma de doble filo. Tan pronto crees que el universo te respalda y te hace pensar que eres invencible, que todo lo que está por venir es bueno y maravilloso, como que te lo arrebata sin piedad y te deja vacía, llena de temores e incertidumbres por lo que vendrá en realidad.

Y es ahí, justo ahí, donde todo cambia.

Y se convierte en miedo.

Capítulo 1

Vera

Existe una técnica que consiste en dejar el teléfono lejos de ti por la noche para obligar a tu cuerpo a activarse, ponerse de pie y apagar la alarma a la mañana siguiente. Pues conmigo no funciona, y ese solo ha sido el primer paso en falso de este martes (sin duda, el peor día de la semana) tormentoso de febrero. Me explico.

Mi intención era levantarme temprano para trabajar en el *portfolio* de Pintura II, una de las asignaturas que estoy cursando en la universidad, tomar un café con calma mientras me preparaba para salir de casa, coger el autobús y llegar con unos quince minutos de margen antes de la primera clase.

Sin embargo, nada ha salido como había planeado.

El despertador ha sonado, pero mi cerebro ha debido de filtrarlo, porque no ha mandado la orden de abrir los ojos hasta que la luz de la calle ha atravesado las cortinas de mi habitación y no le ha quedado otra opción.

Luego, la cafetera no estaba preparada con antelación; lo sé, es absurdo si ya sabía que quería tomarme un café de buena mañana, pero también contaba con que, con ese madrugón, tendría tiempo de hacerlo y bebérmelo con tranquilidad. *Spoiler*: ni de broma. Así que no me ha quedado otra que hacer el café y echarlo al termo que luego he metido en mi bandolera.

Por si fuera poco, mi madre ha decidido que esa era la mejor hora para llamarme y empezar a contarme sus aventuras de los últimos días en Atenas, su parada en el viaje en Interrail por Europa con sus amigas. No sé si se trata de envidia pura o del estrés matutino, pero cualquiera diría que es ella la veinteañera y yo la madre a la que llama cuando se acuerda para decirle que sigue viva.

Con todo esto, mi programación se ha retrasado más de media hora de lo que tenía planeado y he acabado saliendo de mi apartamento cuando querría haber llegado a la facultad.

De todos modos, si todo lo demás se hubiera desarrollado con normalidad, habría llegado justa para el inicio de la primera clase. Pero no ha sido así.

A pesar de esforzarme al máximo y de ir con la lengua fuera, cargando mi bolsa y mi carpeta y sintiendo que me ahogaba por el abrigo y la bufanda, apenas podía moverme con facilidad y, como era de esperar, he llegado tarde.

Corro como si de ello dependiera mi vida para alcanzar la puerta acristalada que da al interior de la Facultad de Bellas Artes de Cuenca, ciudad que me ha visto crecer desde que mi madre y yo nos mudamos cuando tenía siete años, y me detengo frente a la puerta de mi aula habitual. Respiro hondo un par de veces para recuperar el aliento, giro la manilla con cuidado y empujo suavemente; si puedo evitar interrumpir la explicación y que Jaime Lorente, mi profesor de Pintura I y II durante estos dos primeros años de carrera, me asesine con la mirada, me anotaré un tanto.

—No te molestes en ser discreta, Vera, eres la única que falta.

Aprieto los ojos y maldigo el dichoso método para levantarte de la cama que me va a costar una regañina por parte de Lorente.

Termino de abrir y acepto que hoy todo va a ir mal; cuanto antes lo asimile y deje de luchar contra ello, mejor. Quizá, si dejo de resistirme e intentar ir a contracorriente, todo empezará a enderezarse.

Jaime está en el mismo sitio de siempre, justo detrás de la mesa del profesor, subido a la tarima. La diferencia es que esta mañana no está solo. Una figura más alta y robusta que ese hombre de casi sesenta años encogido que nos imparte la clase permanece de pie a su izquierda. Solo cuando se vuelve hacia mí, como el resto de mis compañeros, noto que el rubor de la vergüenza por haber llegado tarde desaparece, me quedo blanca y el ojo empieza a temblarme ligeramente.

Mierda...

No solo eso: él también me ha reconocido. Lo sé por cómo su expresión pasa de ser neutra, tirando a divertida, a estar a punto de separar los labios debido a la sorpresa.

«Oh, no, ni se te ocurra mirarle la boca, eso solo puede acabar en desastre.»

—Venga, hija, que es para hoy —me apremia Lorente, sacándonos a ambos de ese limbo en el que parecíamos estar compitiendo por quién le aguantaba más la mirada al otro.

Me apresuro a musitar una disculpa, apretar la carpeta contra el pecho para procurar que el ritmo acelerado de mi corazón se controle y caminar hacia mi sitio con la cabeza agachada. Dejo la bolsa colgada del asiento y me quito el abrigo y la bufanda en silencio. Coloco el cuaderno de apuntes sobre la mesa (pues toca clase teórica) y voy dejando los bolígrafos en horizontal justo encima del cuaderno.

Soy meticulosa y tengo cierta obsesión con este tipo de cosas, es cierto, pero además ahora mismo mi cerebro me pide que lo mantenga ocupado para no levantar la cabeza y volver a toparme con esos ojos verdes que estoy segura de que no me han perdido de vista.

Efectivamente. Cuando ya no puedo retrasarlo más y me veo obligada a atender a la explicación que está dando Jaime, descubro que él tiene la mirada clavada en mí, con un gesto serio pero también de asombro que me hace sentir pequeña y avergonzada. A cualquiera podría parecerle que solo está nervioso e intenta controlarlo, pero a mí no. Joder. Yo sí puedo ver lo que su expresión quiere decir.

No soy una persona fácil de impresionar o intimidar, nunca lo he sido. Siempre me ha resultado más sencillo ser natural que fingir timidez. No he tenido problemas para mostrarme como soy con nadie en toda mi vida y pocas veces me he arrepentido de algo. Sin embargo, el hecho de tenerlo a él delante después de..., me hace sentir mal y, en efecto, arrepentirme de algunas cosas.

—Así que, probablemente, esta sea mi última clase con vosotros este curso.

Despierto de mi letargo y soy la perdedora de este duelo de miradas en el que nos estábamos batiendo porque no entiendo la última frase que acaba de pronunciar Lorente. Lo miro y veo una expresión que parece contener cierta lástima acompañada de una sonrisa tristona. Todos empiezan a murmurar sobre el tema, pero no consigo enterarme, por lo que me vuelvo hacia la izquierda y llamo al compañero que tengo más cerca; Marcos, creo que se llama.

—¿Por qué va a ser su última clase?

Él se gira en mi dirección y me mira con un pestañeo que denota extrañeza. No soy la más sociable de la clase y muchas veces paso desapercibida hasta el punto de parecer invisible en este entorno, así que es normal que le parezca raro que le haya hablado. Aun así, enseguida carraspea y me contesta.

—¿No lo has oído? Tienen que operarlo de una hernia discal y, como quedan cuatro meses de curso, seguramente ya no se reincorporará hasta el que viene.

Asiento con la cabeza y vuelvo a mirar al frente. Me da pena porque es de los mejores profesores que hemos tenido estos dos años, pero es verdad que a veces lo hemos visto quedarse clavado en medio del aula con cara de dolor y que en algunas ocasiones ha estado unos pocos días de baja por problemas médicos. Necesitará mucho descanso, hacer reposo, después de una operación así.

—Bueno, venga, no seáis pelotas, que no voy a evaluaros yo. —Una oleada de risas cómplices inunda la sala y hasta a él se le levanta la comisura derecha de la boca cuando deja de mirarme y se hace partícipe de la situación. Casi suspiro de alivio; al menos ya no toda su atención está puesta en mí—. César conoce los contenidos de la asignatura, sabe el tema por el que vamos y lo que nos queda por ver, así que será él quien se encargue de sustituirme estos últimos meses y también de examinaros. No os preocupéis, que el sistema de evaluación va a ser el mismo que conmigo: seguís teniendo que preparar el *portfolio* y entregar todos los trabajos de los que hablamos al principio en la fecha que os indiqué, además de...

Un segundo.

¿Ha dicho... «César»?

Otra vez, joder.

No me hace falta verme en ningún espejo para saber que estoy blanca como el papel porque la sangre ha dejado de circular por mi cuerpo, incluida mi cara. Esta vez sí que no puedo evitar fruncir el ceño y separar los labios por la conmoción. Se me acelera de nuevo el corazón y se me seca la boca. De forma inconsciente, me vuelvo hacia él, quien parece tener un radar para notar cuándo lo estoy mirando, porque también se gira hacia mí y su semblante vuelve a estar tan serio como antes. Su expresión, plagada de preguntas que no quiero responder, y la mía, llena del mismo miedo irracional que sentí la última vez.

Entonces..., ¿él va a ser el nuevo profesor de Pintura II?

¿Va a darnos clase y voy a tener que verlo aquí?

¿Deberé fingir que todo lo que pasó no pasó?

Estoy jodida.

Capítulo 2

Vera

Dejo la jarra de cerveza ya vacía sobre la mesa en la que debo de llevar como quince minutos sentada con mis amigas y tomo una bocanada de aire para llenarme los pulmones. Sé que es martes y que debería estar en casa repasando apuntes y preparando trabajos, pero ha sido un día horrible y necesitaba este rato de desconexión, además de su consejo.

El problema es que ellas no tienen ni idea de nada, no saben quién es César, ni de qué nos conocemos o por qué he sentido esta repentina necesidad de salir a emborracharme el segundo día de la semana. Por lo general soy capaz de esperar al viernes para salir a tomar algo con ellas, organizar algún plan descabellado o tan solo cenar y beber en casa, pero hoy de verdad que lo necesitaba.

—Me sorprende que te haga falta una jarra entera para comenzar a hablar, normalmente hay que ponerte un calcetín en la boca para que te calles —suelta Silvia, una de mis mejores amigas de toda la vida y la persona con menos filtro que conozco.

Suspiro y me echo el pelo hacia atrás.

Es que ni siquiera sé por dónde empezar.

Cuando Jaime Lorente ha dicho que César lo sustituiría durante lo que queda de curso, he entrado en pánico y prácticamente no he prestado atención a ninguna de sus explicaciones durante el resto de la clase. Él se ha sentado en primera fila, no sé si para observar cómo estructura Jaime las clases y adaptarse en la próxima o yo qué sé. El caso es que mi cuaderno de apuntes está vacío hoy porque no he podido concentrarme estando él ahí. Con su nuca perfecta y su espalda cuadrada... No le veía la cara ni podía descifrar su expresión, por lo que ignoro si también estaba dándole vueltas a cómo hemos llegado a encontrarnos en esa situación en ese lugar, pero me ha sido imposible dejar de mirarlo y acordarme de todo.

La hora se me ha hecho eterna porque solo estaba deseando que fueran las diez para salir volando de allí y evitar tener que enfrentarlo hasta saber cómo debo actuar o qué decirle..., si es que en algún momento tengo que hacerlo.

Y eso he hecho: en cuanto Lorente se ha despedido de nosotros y le hemos deseado una buena recuperación, he salido por patas del aula con tal de no arriesgarme a encontrarme con César de frente. Porque, sí, eso es lo que mejor se me da: huir.

—¿Nos vas a contar de una vez qué ha pasado o tenemos que tirarte de las orejas para que hables? —dice Andrea, a mi izquierda, también con poco filtro, pero la más dulce de las tres. No por nada somos amigas.

—Vale, a ver. —No tengo ni idea de por dónde empezar, pero supongo que no me queda más remedio que hacerlo por algún sitio. Me echo el pelo hacia un lado y resoplo antes de comenzar a narrar el verdadero origen de mi ataque de pánico de hoy—. ¿Os acordáis de la noche del 14 de octubre?

—¿El 14 de octubre? ¡Danos alguna pista, guapa, que han pasado cuatro meses!

Una sonrisa medio divertida se me escapa al rememorar el follón que se montó en el piso de mi amiga. Silvia comparte apartamento con otras dos chicas que parecen pensar que es una comuna y que todo es de todas, y se lio bastante cuando una de ellas se atrevió a husmear sin permiso en su armario, dejarlo todo desordenado encima de la cama y robarle un vestido de fiesta. Con lo que no contaba fue con que se acabarían cruzando en casa antes de que se fuera. Resumen: no salieron en las noticias de milagro.

—Tú tuviste movida gorda en casa y Andrea tuvo que hacer horas extra en el curro —añado girándome hacia esta última. Es profesora de inglés y aquella noche no le quedó otra que cancelar nuestros planes por culpa de una clase que su jefe no le había notificado con antelación y que tenía que impartir en una empresa a las afueras, por lo que no le daba tiempo a llegar más tarde, además de que habría estado agotada—. ¿Y os acordáis de que yo ya estaba en el bar cuando me avisasteis de que no podíais venir? —Ambas asienten con la cabeza mientras esperan el colofón final—. Pues... conocí a un tío.

Mis amigas me miran con la boca abierta (Andrea) y los ojos entrecerrados (Silvia) durante unos segundos antes de empezar a acusarme de mala amiga.

—Qué puta... —suelta Silvia.

—Y no nos lo dijiste, yo alucino contigo —continúa Andrea.

—No os lo conté porque la cosa no terminó bien —me defiendo como puedo.

Es una forma muy general y simple de decirlo, pero, si me pongo a entrar en detalles, perderé el hilo de lo que realmente quiero contar. Por ahora necesito que me ayuden a sobrevivir a lo que ha pasado hoy y ya después les comentaré todo lo que ocurrió esa noche con César.

La verdad es que sé que tienen razón y que debería habérselo explicado. No fue la típica noche en la que te enrollas con un tío cuyo nombre ni siquiera recuerdas. No. Con César fue diferente. Una de esa clase de noches que después compartes con tus amigas entre risitas y suspiros esperanzados. Solo que esa vez me dejó una sensación tan amarga que pasaron los días mientras yo intentaba asimilar todo lo ocurrido, así que, simplemente, el momento de contarlo desapareció.

—¿La tenía pequeña? —pregunta Silvia.

—¿Tuvo un gatillazo? —Andrea no se queda atrás.

—No y no, dejad de interrumpir, hostia —me impongo de forma rotunda. Siempre pasa igual: hasta que no me pongo seria, no se comportan. Qué irónico que la más madura de las tres, en muchas ocasiones, sea yo—. No acabó bien, punto. Vamos a dejarlo ahí por ahora.

—Qué escueta...

—Que te calles —le espeto a Andrea, quien me fulmina con la mirada y se cruza de brazos, pero está claro que quiere seguir escuchando—. El caso es que esta mañana nuestro profesor de Pintura II nos ha informado de que va a estar de baja durante el resto del cuatrimestre porque lo tienen que operar y va a venir un suplente para estos meses. Creo que no hace falta que diga más.

—¡No jodas!

—¿Es él?

Asiento con la cabeza, con la mirada perdida en las gotitas que resbalan por la jarra, recordando el momento en que he entendido que lo de hoy no ha sido un encuentro casual y que voy a verlo a menudo en un ambiente que lo hará todo muy incómodo. Entierro el rostro en mis manos con un resoplido.

—¿Qué voy a hacer? —me lamento con la voz amortiguada—. Va a ser mi profesor el resto del curso y no puede ni verme.

—¿Por qué no puede ni verte?

—Porque la que jodió esa noche fui yo. Sería lógico que todavía me guardara rencor y, a juzgar por la cara que ha puesto cuando me ha visto esta mañana en clase, creo que así es.

—Bueno, vamos a ponernos serias un momento —interviene Silvia arrimando su taburete a la mesa y mirándome fijamente—. Tuvisteis una noche divertida, vale. Acabó mal por tu culpa, vale también. Pero él tiene que ser maduro y diferenciar vuestra relación dentro del aula de lo que sea que pasara entre vosotros. Si es adulto y tiene dos dedos de frente, sabrá hacerlo. Sobre todo porque, de lo contrario, la situación no solo será incómoda para ti, también lo será para él, y además quedará como el culo.

—Ya...

—Ahora la otra parte: tú.

Frunzo el ceño y la miro sin entender a qué se refiere.

—Yo, ¿qué?

—¿Vas a saber tú separar esas dos cosas? Porque te conozco y, entre que lo vives todo con más intensidad que el resto del mundo y que te comes más la cabeza que nadie...

—Cerda.

—... te va a costar lo tuyo —concluye la frase, ignorándome, pero tiene razón.

Con cualquier cosa más pequeña, quizá me limitaría a darle unas cuantas vueltas, rayarme lo justo y necesario y después buscar una solución para pasar del tema. Sin embargo, esto es muy diferente.

César es diferente.

Solo me ha mirado cuando he entrado en el aula y luego durante el tiempo que ha estado en la tarima. Eso ya ha sido suficiente para desordenar todos mis pensamientos y dejar el desván de mi mente hecho un desastre. Después, cuando se ha sentado, no se ha dado la vuelta ni una sola vez; lo sé porque no he podido dejar de mirarlo. Quizá él sí que haya sabido desligar una cosa de otra y olvidar lo que pasó entre nosotros y sea solo yo la que está así ahora, con el cerebro embotado y con miedo a perder mi melena por culpa del estrés que me ha provocado verlo de nuevo.

—¿Y si hablas con él? —me pregunta Andrea—. Me refiero a dejar las cosas claras entre vosotros y zanjar que vuestra relación va a ser estrictamente de profesor-alumna. Quizá eso haría la situación mucho menos tensa.

—Es otra opción. —Silvia se lleva su jarra a los labios y yo me quedo pensando en los consejos que me han dado mis amigas.

Por un lado, podría esperar a que César se limitara a mantener esa relación académica que nos va a tocar compartir a partir de ahora, pero eso tal vez sea demasiado agónico y desesperante. Conociéndome, seguramente seguiría dándole vueltas a en qué momento va a explotar y destaparse todo.

Por otro lado, podría seguir el consejo de Andrea: tomar la iniciativa y hablar con él para dejarlo todo aclarado. Es muy posible que él también se sienta incómodo con esta situación y que no sepa cómo lidiar con el hecho de encontrarme en su clase y que vaya a ser su alumna. Por lo que logré conocerlo aquella noche, diría que lo más probable es que sea así.

Lo más lógico y maduro es decantarme por la segunda opción, aunque, como todo en mi vida, es más fácil decirlo que hacerlo.

Viernes, 14 de octubre, 19.50 horas

Hacía una temperatura más cálida de lo normal para estar a mediados de octubre, lo cual invitaba a salir a divertirse. Vera había hecho planes con sus amigas y, como habían acordado, iban a empezar la noche cenando en su bar de confianza y tomando las primeras copas allí mismo antes de dirigirse al pub que más les apeteciera.

Sin embargo, varios imprevistos hicieron que el ánimo de Vera decayese, sintiéndose alicaída al recibir los mensajes de sus amigas, en los que la informaban de que no podrían acudir al encuentro.

Silvia: Chicas, perdonadme, pero no puedo ir. Una de mis compañeras de piso se ha creído que esto es una comuna y que puede entrar en mi cuarto a coger lo que le dé la gana sin permiso cuando le apetezca. Encima me lo ha dejado todo revuelto, la muy tonta del culo... Por suerte la he pillado antes de que se largara de casa, así que la vamos a tener. Se va a enterar la payasa esta... Más tonta y no nace. Se va a quitar mi vestido y me arreglará el armario y el cuarto como que me llamo Silvia.

Andrea: Joder, vaya panorama... Yo también tengo que descolgarme, nenas. Resulta que tengo una clase de inglés programada en una empresa que está a tomar por saco y mi jefe no me ha avisado hasta ahora. A ver cómo entro yo allí sin materiales ni plan ni nada...

A pesar de que a Vera le sentara mal tener que cancelar esa noche que le apetecía tanto, entendió que había cosas que no se podían prever ni cambiar, por mucho que quisiéramos.

Vera: Tranqui, chicas, ya habrá más noches. Me termino la cerveza, que ya estoy en el bar, y me largo a casa. <3

Les contestó brevemente y se volvió hacia la barra. Ojeó su móvil mientras terminaba de apurar la bebida y, una vez que la jarra estuvo vacía, giró sobre sí misma en el taburete que había estado ocupando durante cerca de media hora y se puso de pie de un salto.

Los estragos de haber bebido tan rápido hicieron mella en ella y provocaron que perdiera el equilibrio de forma momentánea. Le entró la risa cuando apoyó la mano derecha en una superficie dura, pero que estaba claro que no se trataba de un muro.

—¿Estás bien? —le preguntó una voz grave con un deje jocoso al tiempo que vibraba su punto de apoyo.

Vera levantó la cabeza y se topó con unos ojos verdes que la escudriñaban con diversión y un brillo similar al que alojaban los suyos; seguramente, a causa del alcohol.

—Sí, sí, perdona. Me he levantado muy deprisa y se me ha ido la cabeza.

—Menos mal que estaba aquí para sujetarte, podrías haber acabado con un mareo peor y cayéndote redonda al suelo.

Vera sonrió ante su comentario. En realidad, no había bebido tanto, lo que ocurría era que, a veces, cuando hacía movimientos bruscos, su sentido del equilibrio le fallaba y la vista se le desenfocaba, pero eso ya era demasiada información para darle a un desconocido.

—Sí, menos mal que tenía dónde agarrarme —continuó con la broma, haciendo que la sonrisa de él se ensanchase.

—Está claro que te ha gustado. Todavía no has apartado la mano de mi pecho.

Entonces Vera cayó en que tenía razón y que seguía apoyando la palma de la mano sobre sus pectorales. Aun así, ser consciente de ello no le provocó ninguna vergüenza, sino más bien una risa estruendosa que poco tardó en contagiarle a su acompañante.

—No me había dado cuenta —dijo ella mientras dejaba de tocarlo.

—No pasa nada. —Su sonrisa torcida no parecía nada burlona—. ¿Te vas ya?

Vera lo miró con una ceja levantada durante un instante antes de contestar. ¿Es que acaso había estado observándola y aquel era el momento en el que había decidido acercarse a hablar con ella?

—Me han dejado plantada —explicó con brevedad—, así que no me queda otra. —Se encogió de hombros mientras se colgaba el bolso del hombro y la chaqueta del brazo.

—Si quieres, podemos tomarnos algo juntos.

Esa vez las cejas de Vera se dispararon. Se había imaginado que el chico tenía cierto interés en ella, pero no creyó que fuera a ser tan directo.

—A mí también me han dejado tirado y no me apetece irme a casa aún.

Vera sopesó su propuesta. Era cierto que no tenía ganas de marcharse; se había mentalizado de que se acostaría tarde y estaba entusiasmada con la idea de pasar toda la noche por ahí, divirtiéndose con sus colegas. De pronto se dijo que el hecho de que Silvia y Andrea hubieran cancelado el plan no tenía por qué significar que la noche terminara para ella. Estaba segura de que a sus amigas les parecería bien que aprovechara la ocasión si un plan mejor se le presentaba.

El chico de los ojos verdes parecía agradable y, sin duda, estaba de muy buen ver, para la opinión de Vera. Además, había quedado claro que quería alargar la conversación hasta donde la noche les permitiese. Así que, ¿qué le impedía tomarse una copa con él?

Sonrió y tomó una decisión.

—Soy Vera.

Él le sonrió de vuelta de una forma tan brillante que algo se encendió en el pecho de ella, aunque optó por echarle la culpa al alcohol, la música y el ambiente.

—César.

Sábado, 15 de octubre, 10.12 horas

La puerta de un apartamento se cerraba con sigilo, dejando atrás muchas palabras, miradas y confesiones que ni la persona que se marchaba ni la que se quedaba dentro olvidarían.

Capítulo 3

César

De todos los lugares posibles, de todas las situaciones que podían darse, de todas las formas en que podría haberla vuelto a encontrar, esa en la que resulta ser alumna de la asignatura que voy a impartir durante los próximos cuatro meses era la última que se me habría pasado por la cabeza.

La sensación inicial al verla asomar por la puerta del aula fue muy parecida a lo que sentí en nuestro primer encuentro, curiosidad y emoción, pero enseguida se desvaneció y dejó paso a los miles de preguntas que ahora se agolpan en mi mente.

El momento en que reconocí su melena castaña, alborotada seguramente por la carrera, y mis ojos se encontraron con el color miel de los suyos, volví atrás en el tiempo, al instante en que tropezó al bajarse de su taburete en aquel bar y chocó conmigo por accidente.

—Por accidente, mis cojones —me suelta Fran apareciendo por la puerta de su salón después de que yo me haya presentado este miércoles por la tarde, sin haber pegado ojo en casi toda la noche, diciéndole que necesitaba hablar—. No me jodas, César, si llevabas toda la puta noche mirándola, parecías un acosador.

—Tampoco te pases.

Cojo el botellín que me tiende y le pego un buen trago.

Es cierto que me llamó la atención nada más poner un pie en el bar y que, de vez en cuando, se me iban los ojos a esa chica que estaba sola sentada a la barra. Tengo que admitir también que no fue cosa del destino que empezara a hablar con ella: vi que apuraba su cerveza como si tuviera intención de irse y mis piernas se pusieron en marcha antes de que mi cerebro diera la orden. Era entonces o nunca. Cuenca no es una ciudad demasiado grande, pero a saber si la hubiera vuelto a ver.

Ni siquiera había pensado cómo entrarle, solo sabía que quería charlar con ella. Sin embargo, la suerte, el destino, el universo, como se lo quiera llamar, jugó un papel importante en esa primera conversación porque todo, simplemente, fluyó.

—Si hasta le dijiste que te habíamos dejado tirado cuando en realidad fuiste tú el que nos abandonó. Ni siquiera nos avisaste de que te largabas antes de levantarte y casi correr hacia ella.

—Ya, eso sí es verdad.

—Que no te culpo, eso que quede claro. Pero accidental, precisamente, no fue.

Se me escapa una risotada al recordar el mensaje que les mandé a los pocos minutos de sentarme con Vera a una mesa del bar para decirles que me descolgaba del plan de la ruta de bares que habían preparado y ellos, como buenos amigos, ni siquiera se despidieron de mí cuando se fueron a su siguiente parada para no estropear mi tapadera con Vera y que ella siguiera pensando que de verdad me había quedado solo.

—Bueno, ¿y qué hiciste? —me pregunta Fran dejándose caer a mi lado en el sofá—. Me refiero a cuando la viste entrar en el aula.

—¿Qué iba a hacer? Quedarme callado y en el mismo sitio, aunque tuviera ganas de hacerle mil preguntas. Evidentemente no era el momento, con la clase llena de gente y el minúsculo detalle de que a partir de ahora voy a ser su profesor; habría sido la hostia de incómodo e inapropiado.

—¿Y qué piensas hacer? ¿Fingir que no la conoces?

Suspiro y me paso una mano por el pelo hasta la nuca.

—No tengo ni idea. —Vuelvo a beber del botellín, como si fuera a encontrar ahí la respuesta—. Por un lado, me gustaría hablar con ella y aclarar algunas cosas; tengo muchísimas preguntas que solo me puede contestar Vera. Pero, por otra parte, sé que no sería apropiado tener esa conversación porque, joder, voy a ser su profesor y, pensar o revivir de alguna manera todo lo que he hecho con una alumna, solo lo hará más difícil, ¿no?

Aunque en el grupo seamos cuatro, Fran es mi mejor amigo desde el colegio y el primero al que recurro siempre cuando tengo cualquier tipo de problema o preocupación. Quizá a veces es un poco brusco al hablar, pero también es el que tiene la cabeza más fría.

Se rasca la barbilla, pensativo, y no me contesta hasta después de haber dado un par de tragos a su cerveza.

—Yo intentaría hablar las cosas. Creo que sería peor que fingierais no conoceros, eso sí que lo haría incómodo. Estaría todo demasiado en el aire y no sabríais si cualquier comentario inocente lo haría todo mucho más tenso. Conociéndote, sobreanalizarías cada gesto o frase que ella dijera y lo interpretarías como una indirecta. Y ella puede que también si el que lo hace o la dice eres tú. Sería conveniente que dejarais claro que vuestra relación va a ceñirse a una meramente académica. Tú, el profesor; ella, la alumna.

Aprieto la mandíbula y clavo la mirada en mi botellín mientras le quito la etiqueta a trozos.

—Ya, sí, sería lo adecuado.

—No me jodas, César...

—¿Qué?

Levanto la cabeza y frunzo el ceño en dirección a mi amigo. Él me mira con seriedad y suspicacia.

—Es eso lo que quieres, ¿no? Limitaros a ser profesor y alumna.

Aparto la mirada y me echo hacia atrás, derrotado.

—Sería lo adecuado —repito, más para convencerme a mí que a él.

—¿Pero...?

Me muerdo el labio inferior y suelto el aire por la nariz.

—No sé, es complicado. No se trata solo de que nos acostáramos y ahora nos veamos en esta situación, es también que... esa noche no hubo solo sexo, ¿sabes? —Fran me mira muy serio pero en silencio, así que decido continuar—. Le hablé de cosas y... pasaron muchas otras que...

—No vas a decirme que te enamoraste de ella en una sola noche, porque entonces te pegaré tres guantazos para que se te pase toda la tontería.

A esto me refería antes.

Pongo los ojos en blanco.

—Eres un basto. No me enamoré de ella; me encariño con facilidad, pero no llegué a ese punto. Aunque penséis que soy un enamoradizo, necesito algo más que unas pocas horas para empezar a sentir eso por alguien. Lo que ocurre es que sentí una conexión extraña con ella desde que entró en el bar, por eso no podía dejar de mirarla y apenas me concentraba en lo que me decíais. Me atrapó con su sola presencia y, después de todo lo que ocurrió esa noche, todavía no entiendo por qué terminó como terminó.

—Pues... quizá ese sea otro tema que debas tratar con ella.

—Es solo una de las muchas preguntas que me gustaría hacerle. Ahora solo me queda encontrar el momento y el lugar adecuados para hacerlo.

Clavo la mirada en el poco líquido que queda en mi botellín y en cómo se mueve de un lado a otro cuando lo meneo.

La noche del 14 de octubre se quedó grabada en mi memoria como pocos recuerdos lo han hecho. No solo por la forma en que la conocí o cómo nos atrajimos el uno al otro casi sin poder —ni querer— ponerle remedio. También por todo lo que le conté, lo que ella me contó, las risas cómplices que compartimos y las caricias que nos dedicamos.

Sabía, incluso mientras transcurrían, que esas catorce horas que estaba pasando con ella permanecerían en mi cabeza cuando acabara la noche y mucho tiempo después; que recordaría cada detalle de cada segundo y cada gesto; que ella se me estaba clavando tan poco a poco que ni siquiera me daría cuenta hasta que ya lo estuviera del todo.

Lo que no sabía era que me dejarían un sabor tan amargo cuando me despertara a la mañana siguiente y Vera se hubiera marchado.

Capítulo 4

César

Aunque no llego del todo descansado al aula en mi primer día de trabajo, tengo que admitir que he conseguido dormir unas cuantas horas gracias al remedio casero de mi madre de tomar leche caliente con miel cuando no soy capaz de conciliar el sueño. Saber que hoy empezaba la suplencia en la universidad, que Vera estaría presente, observándome, y que yo no podría contener mis ganas de mirarla de vez en cuando entre los caballetes y pinceles... me tenía con los ojos clavados en el techo de mi dormitorio. Y no precisamente contando ovejas.

Abro el aula de práctica de Pintura II con la llave que Jaime me dio el otro día y dejo mi bolsa sobre la mesa del profesor. Después me vuelvo hacia el resto de la sala. Esta está llena de lienzos en blanco, butacas y, al fondo, los materiales de pintura.

Todavía recuerdo cuando yo estaba en ese otro lado, con la misma ilusión y las mismas incertidumbres que vi en los alumnos el otro día. Hace cuatro años que acabé la carrera y que decidí especializarme en la enseñanza de artes plásticas, pero sigo sintiéndome como un crío que colorea intentando no salirse de los márgenes.

«Creo que todos nos sentimos perdidos en algún momento; lo importante es saber reencontrarnos y seguir creando el camino.»

Esa voz resuena en mi cabeza con demasiada fuerza y tengo que obligarme a bajar la mirada hacia el plan que he preparado para la clase de hoy y centrar mi cerebro en otra cosa que no sea ella. No puedo dejar que el recuerdo de aquella noche con Vera me domine sin tan siquiera haberla visto todavía. Debo aprender a controlarlo.

La puerta del aula se abre de nuevo después de que unos nudillos resuenen con suavidad contra la madera. Me giro observando el reloj de mi muñeca y me pregunto quién puede haber llegado casi veinte minutos antes de que comience la clase. Seguramente se trate de algún alumno que viene de las afueras y al que el autobús deja con demasiado tiempo de antelación. Sin embargo, no es así.

Cómo no, el destino jugándomela otra vez.

Sus ojos miel me observan con sorpresa, pero no tanta como hace dos días; esta vez, por lo menos, parece menos pálida. Supongo que se esperaba encontrarme a mí aquí; ya sabía que sería el sustituto de Jaime a partir de hoy. Un silencio se instala en el aire y no tengo claro si lo que retumba en mis oídos es mi pulso a punto de desbocarse o el suyo. Y como no quiero arriesgarme a que eso ocurra, me paso la lengua por los labios y dejo que mi boca tome la iniciativa.

—Vaya, hoy llegas pronto —pronuncio en un tono neutro, pero que pretende destensar el ambiente.

Su expresión se relaja ligeramente y echa un vistazo al resto del aula antes de volver a mirarme. Tal vez esté asegurándose de que no haya nadie más. Después, da un par de pasos más y entra en el aula.

—Suelo ser la primera en aparecer, aunque no lo creas. El otro día comenzó con mal pie y todo se fue acumulando.

Asiento con la cabeza más por inercia que por otra cosa y, después de aclararme la garganta, señalo la clase y digo mientras me giro hacia mi escritorio:

—Toma asiento entonces, aunque todavía habrá que esperar a tus compañeros.

No sé si sus zapatos son silenciosos o es que no se ha movido del sitio, pero no la oigo dirigirse hacia los taburetes frente a los lienzos. En lugar de eso, oigo lo que parecen ser sus uñas resonar inquietas sobre su carpeta y, justo un instante después, su voz temblorosa.

—¿Podemos hablar ahora que no hay nadie?

Me vuelvo despacio hacia ella y la miro unos instantes. También parece nerviosa, quizá haya tenido que sopesar si debíamos mantener esta conversación antes de meternos de lleno en el rol que tendremos que adoptar a partir de hoy. Quizá sea lo más adecuado. Así no estaremos incómodos durante el resto de la clase.

Me quito las gafas y las dejo encima de la mesa justo antes de apoyarme en esta, de espaldas para quedar de cara a ella.

—Claro. También creo que lo necesitamos.

Esta vez es Vera quien asiente y avanza un par de pasos hacia mí como quien anda por arenas movedizas.

—No sabía que eras profesor —susurra después de cerca de un minuto en silencio.

—Ni yo que estudiabas aquí.

—Habría sido menos violento, ¿no crees? —comenta con una sonrisa nerviosa. De todas las cosas que pude pensar de ella aquella noche, insegura no fue para nada una de ellas—. Aunque el otro día parecías muy concentrado en atender a la clase de Lorente.

—¿Tú no lo estabas? —respondo alzando una ceja—. Eres la alumna, deberías atender en clase.

Su sonrisa se ensancha y pierde ese cariz incómodo; me recuerda más a la Vera que conocí en aquel bar, y a la que descubrí más tarde, cuando estuvimos a solas.

—La verdad es que todavía estaba impactada por que estuvieras sentado a solo unas filas de mí.

—También lo estaba yo, aunque no podía girarme para comprobar si realmente estabas ahí o me lo había imaginado. Habría sido demasiado sospechoso.

—Pues... sí, era yo.

—Sí, eres tú.

De nuevo, ambos nos quedamos callados, mirándonos el uno al otro sin saber qué decir, aunque, al menos a mí, me encantaría decirle muchas cosas. Estoy seguro de que no son más que unos segundos, pero, como me ocurrió aquella noche, cuando se trata de ella, el tiempo se ralentiza y se alarga con tal de que no se rompa el momento.

—No creí que volvería a verte —añado en voz queda, a lo que ella agacha la cabeza y aparta la mirada de mí. Sabe a qué me refiero.

—César, yo... —Se detiene y mira a varios sitios en el suelo, como buscando unas palabras que no encuentra, hasta que suspira derrotada—. No sé qué decir.

—A mí se me ocurre una cosa por la que empezar. —Vera me mira con una sombra cruzando sus ojos, y lo peor es que no es la primera vez que la veo, ni la segunda. Aquella noche descubrí muchos de sus fantasmas, y algo me indica que estos comienzan a despertar de nuevo por culpa de mi pregunta—: ¿Por qué te marchaste?

Su mirada se torna triste, atormentada, y no me gusta nada.

Ni siquiera la noche del 14 de octubre la vi así. Y no lo entiendo. ¿Tan difícil era dejar una nota diciendo que la noche había estado bien, pero que de ahí no iba a pasar? Me habría costado creer que esas palabras fueran sinceras, pero habría sido mejor que levantarme solo, sin una sola prueba de que había sido real y pensando qué había hecho mal para que ella saliera corriendo de esa manera.

Me habría dolido igualmente, pero no me habría pasado estos meses dándole vueltas a qué había ocurrido.

Cuando se empiezan a oír voces y jaleo en el pasillo, la primera en pestañear y tensarse es Vera. Ambos sabemos lo que significa. Pronto el ruido se mete en el aula y Vera agacha la cabeza de nuevo y va a ocupar un sitio junto a la ventana, apartado del resto, sin atreverse a mirarme.

Yo, por mi parte, no puedo más que sentirme derrotado. Creí que íbamos a tener una conversación adulta para aclarar la situación, y más bien tengo la sensación de que en realidad todo se ha enrevesado más.

Suspiro una vez, cierro los ojos y me aprieto el puente de la nariz durante unos segundos antes de colocarme las gafas y ponerme frente a la clase para la primera lección de la jornada.

Viernes, 14 de octubre, 20.29 horas

—Me gusta mucho pintar —respondió Vera cuando César le preguntó por sus aficiones, a punto de terminar la segunda copa que compartían—. De hecho, estoy estudiando arte y algún día me gustaría abrir mi propia galería.

César la miró gratamente sorprendido por el hecho de que tuviera tan claro lo que quería hacer en el futuro. Le había dicho que acababa de cumplir los diecinueve y a él le pareció muy joven para hablar con tanta determinación. Si bien era cierto que le había parecido más madura de lo normal a su edad, Vera no dejaba de asombrarlo con cada dato de ella que le permitía descubrir.

Los nervios de Vera se acentuaron cuando vio que él no decía nada y le entró la risa mientras agachaba la mirada, sonrojándose, y se volvía hacia su bebida.

—No sé por qué te he contado eso.

—No, es genial —la tranquilizó él—. Yo a tu edad no tenía las cosas tan claras.

Las carcajadas de Vera se habrían oído en todo el local si no hubiera sido por el volumen de la música y el barullo que los obligaba a permanecer cerca el uno del otro para poder escucharse. Le hacía gracia que hablara de esa forma tan adulta.

—Hablas como si tuvieras cien años y solo tienes veintiséis.

—Bueno, tienes que admitir que esos siete años ya marcan una diferencia.

A Vera le encantó la sonrisa que le dedicó en ese instante. Sabía que el tono jocoso de la conversación y las miradas cómplices que se dedicaban eran parte del juego, y quiso que ese tira y afloja durara toda la noche.

Se mordió el labio inferior mientras lo veía dar un trago a su copa, y decidió llevar el juego a otro nivel.

—Entonces —comenzó a decir con una voz cargada de intención mientras se deslizaba más cerca de él sin llegar a tocarlo—, ¿eso significa que solo me vas a invitar a una cerveza y nada más?

César casi se atragantó con el sorbo que estaba dando en ese momento.

Se había dado cuenta de que la chica era avispada, rápida y muy directa, pero no esperaba una declaración tan clara de cómo quería que acabara la noche, y cómo quería él que acabara. Por mucha diferencia de edad que hubiera entre ambos, y a pesar de que hubiera sido él quien propiciara el encontronazo, estaba seguro de que ella era mucho más lanzada que él. Y eso le iba a dar más de una sorpresa a lo largo de las horas.

Se limpió la barbilla, conteniendo la carcajada que subía por su garganta al oír la risa divertida de Vera al verlo tan apurado. No obstante, él no iba a dejarse amedrentar y tomaría la decisión de continuar con ese juego; de modo que carraspeó para aclararse la garganta y se volvió hacia Vera con la mirada brillante pero oscurecida por la expectación.

—¿Qué más esperas?

Vera lo miró durante unos segundos, conteniendo una sonrisa complacida, y adoptó una fingida actitud pensativa que hizo que a César le gustara más todavía.

—El plan que tenía con mis amigas era tomar algo, cenar e ir a una discoteca.

—Ya, pero yo no soy tus amigas, así que...

—Así que... —lo tentó la chica.

—Quizá podría ofrecerte un plan mejor.

—Soy toda oídos.

La manera en que ambos se habían ido acercando al otro casi sin darse cuenta, como dos imanes con polos opuestos que se atraían de forma irremediable, había generado una atmósfera de intimidad que ninguno de los dos había sentido antes con nadie. De nuevo, el corazón de Vera se agitó, pero ella no lo escuchó.

«Hoy no quiero escuchar a nada ni a nadie, solo dejar que él me guíe», pensó antes de aceptar la mano que le tendía, como una propuesta silenciosa.

Salieron del bar después de pagar la cuenta, todavía cogidos de la mano, y César tiraba de Vera con decisión pero sin posesividad. Se detuvo una vez que llegó junto a una moto negra, de cuyo cajetín sacó dos cascos y le ofreció uno. Ella lo cogió con entusiasmo y unas repentinas ganas de saber qué estaba a punto de descubrirle aquel desconocido. Se puso el casco al tiempo que él hacía lo mismo y arrancaba el motor. Vera se montó detrás, acoplando los pies en los pedales, y César dio gas a la moto sin llegar a moverla. Entonces volvió la cabeza para mirarla tras levantar el visor. Ella hizo lo mismo.

—¿Algo en particular que quieras hacer? ¿O algún lugar a donde quieras ir?

—Tú conduces, tú decides.

—¿No hay nada especial o ninguna locura que te apetezca hacer o ver esta noche?

Vera observó a su alrededor, fijándose en la cantidad de gente joven que se arremolinaba en los bares y pubs de la zona, y solo entonces supo lo que quería.

Miró a César y sonrió antes de decir:

—El universo que quieras mostrarme.

César se quedó asombrado durante unos segundos, con la mirada clavada en la de ella como si pudieran comunicarse tan solo a través de esa conexión, pero enseguida entendió que, a pesar de que apenas hacía unos minutos que se conocían, él quería exactamente lo mismo: mostrarle el universo.

De modo que dio gas una vez más y ambos se internaron en el universo que la ciudad estaba por ofrecerles.

Capítulo 5

Vera

Mi primera conversación con César como profesor ha ido mejor de lo que esperaba. Tenía miedo de no saber disimular mi nerviosismo cuando lo viera, pero creo que lo he controlado bastante bien.

Al menos, hasta que me ha preguntado por qué me fui a hurtadillas de su casa cuando él aún dormía. Como la cobarde que soy, por supuesto. Y como la cobarde que soy, solo me ha faltado suspirar de alivio delante de él cuando he oído las voces de algunos compañeros acercándose para entrar, porque sabía que eso significaba que no tendría que contestar a esa pregunta, por lo menos en ese momento.

Como ya tengo por costumbre, me acomodo en el sitio más alejado y tranquilo del aula..., aunque creo que a partir de ahora no va a ser tan buen escondite como creía, ya que de vez en cuando noto la mirada de César sobre mí, incluso cuando yo no lo estoy mirando a él.

Es la primera vez que hemos de fingir que no nos conocemos de nada, que no tenemos ningún asunto pendiente, y es complicado. Sin embargo, opino que consigue mantener la compostura y centrarse en el tema que le toca impartir. Es un buen profe; sabe explicar y demostrar, conectar con sus alumnos y hacer las clases interesantes y entretenidas. Es evidente que le gusta su trabajo, aunque en esta sala nadie más que yo sepa cuál era su sueño de verdad.

Varios momentos de aquella noche cruzan mi mente, acelerándome el pulso, y tengo que obligarme a concentrarme en el ejercicio que estamos haciendo porque, si les doy rienda suelta, no sé qué podría ocurrir.

—Es que está para comérselo...

—Me pregunto si tendrá novia.

Y comentarios de ese tipo durante las dos horas que dura la clase no me ayudan precisamente. Él no los oye, como es lógico, porque apenas son susurros de esas compañeras que no me hablan ni miran, pero yo sí lo capto todo y no sé si reírme por lo surrealista que es esto o solo volverme hacia ellas y resolver sus dudas. Ninguna opción es buena, así que me limito a hacerme la tonta y trato de concentrarme en mi pintura.

—Le voy a preguntar —murmura una de ellas.

Me muero por saber cómo piensa sacar el tema cuando estamos hablando de la composición de colores fríos, ya siento hasta curiosidad.

—Pero, tía, pregúntale después, cuando se hayan ido todos —le aconseja su amiga también en susurros.

Sí, yo también creo que sería lo mejor, así que rezo para no tener que seguir oyendo esta conversación de chiquillas de patio de colegio. Por desgracia, mis súplicas son ignoradas por la deidad que sea que reine ahí arriba, y puedo oír la voz de la primera chica aclarándose la garganta antes de que César le dé la palabra.

—¿Sí?

—¿Podrías venir un segundo? —le pregunta con voz inocente.

Se me escapa una sonrisilla. La cabrona es lista, no va a decirlo en voz alta para no hacer el ridículo.

César camina entre los lienzos en los que estamos practicando y se sitúa en el hueco que hay entre la chica en cuestión y yo, casi como si quisiera aprovechar la ocasión para acercarse también a mí. Aunque estoy separada porque en este hueco debería haber otra persona, puedo seguir perfectamente su conversación.

—¿Qué duda tienes?

—Ah, bueno, no tiene que ver con el ejercicio en sí. —Se nota el tono coqueto hasta en China, César, date cuenta—. Más bien me preguntaba si tienes novia.

Ni corta ni perezosa, así se lo ha soltado. A mí me dio vergüenza hablarle de mi sueño de abrir una galería, y eso que nos estábamos conociendo en un ambiente mucho más apropiado que este, y aquí la amiga va y le pregunta eso sin rodeos.

A ver, es descarada, pero también es digna de admirar. Ya me gustaría a mí tener esa determinación en según qué aspectos de mi vida.

Me pregunto qué cara habrá puesto César al escuchar su pregunta. Si pudiera girarme o por lo menos mirar de reojo, dejaría de sentir esta curiosidad incipiente por saber si se está aguantando para mirarme, si es que lo ha hecho o simplemente no he pasado por su cabeza. Joder, no sé qué sería peor.

Me concentro en simular todo lo que puedo que estoy inmersa en el ejercicio, aunque en realidad se me ha acelerado el corazón por ese silencio tan incómodo. No entiendo por qué no responde, es algo que sabes. Es sí o no. No tiene más complejidad.

A menos... A menos que no quiera decir un no directamente porque es consciente de que lo estoy escuchando y todavía quiere dejarme la puerta entreabierta. Aunque ambos tenemos claro (quiero pensar que él también) que no sería para nada apropiado terminar de abrirla.

Ya estoy otra vez pensándolo todo demasiado y sobreanalizando algo que ni siquiera sé si es verdad. Tengo que aprender a dejar de hacer estas cosas. Solo consiguen estresarme y ponerme más nerviosa.

—Pues —abre César la boca por fin— creo que eso no está dentro del temario.

Se me hunden los hombros del alivio sin que pueda remediarlo. Aprieto los labios y agacho la cabeza conteniendo la risa. Una respuesta que le va mucho. Puede parecer muy formal y correcto, pero, cuando quiere, resulta de lo más sarcástico y cortante. Fue una de las cosas que más me gustaron de él.

—Vas muy bien.

Me sobresalto al oír su voz cerca de mí y me tenso de nuevo. Me giro de forma inconsciente para mirarlo y lo encuentro a apenas un paso de distancia de mí y mi lienzo. Sus ojos se me clavan como aquella noche antes de arrancar su moto y perdernos por Cuenca, como si pudieran ver a través de mí. Aunque lo cierto es que no le hace falta hacerlo; esa noche ya se deshizo de muchas de mis capas.

Vuelvo la vista hacia mi cuadro, en el que se ve un iceberg en medio del océano, por la noche. El ejercicio consistía en emplear la gama de colores fríos para plasmar qué nos inspiraba el objeto que César ha dejado en medio del círculo que formaban los lienzos. La bolsa de plástico me ha hecho pensar en los polos derritiéndose, en el hielo resquebrajándose y el nivel del mar subiendo de manera irremediable.

—Voy más despacio que el resto —murmuro.

—El arte no es una competición. No hay que compararse.

Asiento con la cabeza de modo casi imperceptible y no digo nada más. César continúa con su ronda por la clase, espero que sin haberse percatado del escalofrío que he tenido que contener cuando su brazo ha tocado mi costado al pasar por detrás de mí para dirigirse al lienzo del compañero situado a mi izquierda.

No sé qué demonios me ocurre, supongo que será la culpa o esa sensación de que todavía no nos lo hemos dicho todo, pero lo que sí sé es que no estoy preparada para esa conversación que él quería tener y que yo creía desear. Este escalofrío me lo ha demostrado. Y por eso, como la cobarde que soy, hago lo que mejor se me da: huir.

—Cariño, no te puedes imaginar lo bonito que es todo esto —dice mi madre cuando por la tarde me llama desde Miconos.

Hace un par de días que hablamos por teléfono, pero tenía ganas de verle la cara. Me encanta verla así de feliz y de libre, pero creo que las imágenes de cafeterías cuquis con la excusa de «inspirarme» son demasiadas.

—¿Es la isla de *Mamma Mia!*? —le pregunto cuando coloca la cámara en dirección a las casitas azules y blancas tan icónicas de la isla.

—No, esa es Skópelos, creo que iremos otro día. Como se pueden ver en poco tiempo, nos llevan a un par de islas cada día.

—Desde ahí sí que me gustaría que me mandaras un vídeo

de ti cantando y bailando *Dancing Queen* y saltando al agua como Meryl Streep.

La oigo reírse mientras se aparta un par de mechones de la cara que el viento no para de alborotarle. Está guapísima. Radiante, diría. Desde que quiso dejarlo todo y vivir su vida, después de asegurarse de que yo estuviera bien, es otra persona. Mucho más alegre y vivaz. Es ella misma de verdad.

—¿Tú qué tal todo, cariño? ¿Las clases bien?

Trago saliva y carraspeo cuando noto la garganta seca.

No hay muchas cosas que no le cuente a mi madre. Me conoce mejor que nadie y, aunque quisiera esconderle algo, no podría porque parece que tenga un radar. Sin embargo, no me gusta la idea de explicarle que una noche me enrollé con un tío siete años mayor que yo que ahora resulta ser mi profesor en la facultad. Tampoco el hecho de que no sea un tío cualquiera, sino la persona con la que más he conectado en toda mi vida, pero que la cagué y me fui de su casa como un ladrón en mitad de la noche.

No es una historia que quiera compartir con ella ahora mismo, en medio del revoltijo de emociones y nervios que tengo en la cabeza y en el pecho. De modo que me limito a contestar de forma escueta y sonreír.

—Sí, un poco estresada porque tengo muchos proyectos que entregar, pero estoy bien. Solo necesito organizarme.

No me contesta enseguida. Si no fuera por el movimiento de su pelo y por sus pestañeos, diría que la imagen se ha quedado congelada. Sin embargo, sé que solo está analizando lo que he dicho. O, más bien, lo que no le he dicho. Algo que siempre le he agradecido es que, aunque sepa o descubra que algo me agobia y me inquieta, no insiste si ve que no quiero hablar de ello. Y ahora mismo es uno de esos momentos.

—Vale, cielo. Para lo que necesites, sabes que puedes contar conmigo.

Le sonrío y asiento con la cabeza.

Siempre hemos podido contar la una con la otra. Es una de las cosas que más me alivian: saber que ella está para mí.

Continuamos hablando un poco más sobre su viaje y sus siguientes destinos, sobre si tengo la casa recogida (lo que es verdad a medias) y de cualquier otro tema que se cruce en la conversación. Hablar con mi madre de esta manera siempre me calma y me gusta. Es como charlar con una amiga.

No sé cuánto rato estamos en videollamada, solo que, cuando colgamos, despidiéndonos con besos, abrazos y muchos «te quiero», la sonrisa no se me borra de la cara.

Capítulo 6

César

Esperaba que Vera se quedase al final de la clase, volviéramos a estar solos y termináramos la conversación que antes nos han interrumpido, pero solo he tenido que ver cómo se colgaba su bolsa a toda prisa, con la cabeza agachada para evitar mi mirada, y salía del aula como si la estuviera persiguiendo un asesino en serie para darme cuenta de que eso no iba a ocurrir. No lo entiendo. Ha sido ella la que ha sugerido hablar y ahora huye de mí. No tiene sentido.

Suspiro una vez que me he despedido del último alumno y se me hunden los hombros. Apoyo el trasero en el escritorio del profesor y me quito de nuevo las gafas para descansar la vista. Me aprieto el puente de la nariz y respiro hondo varias veces.

Ha sido una buena primera lección, pero habría preferido que no durara dos horas sin descanso. Al menos la próxima clase que tenga con este grupo será teórica y durará solo una. Recojo mis cosas y cierro la puerta con llave antes de dirigirme al despacho que había ocupado Jaime —Lorente, como parece que los alumnos se dirigen a él—. Después de dejar allí todo lo que no necesitaré en casa, pongo rumbo al aparcamiento del campus y pronto estoy subido a mi moto.

El recuerdo de Vera a mi espalda pidiéndome que le descubra el universo me golpea con fuerza. Fue solo una noche. Especial, sí, pero nada más que eso. Unas pocas horas en las que lo pasamos bien, hablamos y nos descubrimos el uno al otro, y que ahora no harán más que recordarme una bonita experiencia.

No debería comerme tanto la cabeza ni revivirlo con tanta frecuencia, ¿verdad? Y aun así lo hago. Por masoquismo, por añoranza o porque sigo sin saber qué pasó para que ella decidiera largarse de mi casa sin dejar una nota, un número de teléfono o cualquier cosa que me ayudara a encontrarla. Como si todo lo que compartimos esa noche en realidad no hubiera significado nada para ella.

El ser humano tiene muchas cualidades, como la de dar vueltas a un tema cuando no lo entiende y terminar culpándose a sí mismo, convenciéndose de que algo ha tenido que hacer para llegar a ese punto. Porque nuestro cerebro necesita comprender para sentir alivio. La incomprensión solo llama a la tortura y la frustración, y yo estoy cansado de frustrarme con Vera.

Ese sábado por la mañana, al levantarme y encontrar la casa vacía, en silencio, pasé horas rememorando cada momento que habíamos compartido, solo para buscar una explicación a su huida. A por qué todo parecía tan idílico y especial, como orquestado por el universo. Y no encontré nada, porque todo me pareció perfecto, joder. Creía que habíamos conectado y habría jurado que ella también lo sintió así.

Aparco en la calle donde está mi apartamento y camino los pocos metros que me separan del portal. Los trayectos en la moto siempre me ayudan a pensar y ordenar mis emociones, por eso me gusta, y fue lo primero que quise mostrarle a ella aquella noche. Es la mejor forma que tengo de relajarme, con el viento soplando tan fuerte que podría cortarme la cara y sin apenas ver lo que hay a mi alrededor.

«A ti te gusta rodar y a mí que me lleven, ¿no es el tándem perfecto?»

—Joder... —me reprendo a mí mismo, sacudiendo la cabeza para tratar de sacarla de ahí, aunque sé que no va a servir de nada.

Por mucho que me repita que fue cosa de una noche y que no debería seguir dándole vueltas, mi cerebro no desiste. Por eso no deja de resonar en mi cabeza la voz de Vera hablando, bromeando, riéndose, susurrando, o las muchas cosas que hicimos esa noche. Como decía, resulta incluso tortuoso.

Subo a casa y, tras dejar la bolsa y la cazadora en la entrada, voy a la cocina a por un refresco. Me dejo caer en el sofá y enciendo la tele, aunque sé que no la veré porque mi mente está en otra parte. Concretamente en esos ojos miel que me persiguen desde el puñetero 14 de octubre.

Echo la cabeza hacia atrás y clavo la mirada en el techo. Otro puto error. Esto también me recuerda cosas que no debería pensar. Me levanto, exasperado, y voy hasta mi despacho para coger el cuaderno de dibujo. Eso siempre me ayuda a desconectar.

Me siento en mi silla como de costumbre y abro el cuaderno por la última página en la que tracé algo. Ah, claro, qué gilipollas. Lo cierro con rabia. Empiezo a pensar que, a pesar de que hace meses que se fue de mi casa, en realidad nunca voy a poder sacar su esencia de aquí. La veo y la siento en cada puto rincón.

Solo me queda una cosa a la que recurrir. O, más bien, una persona. Así que cojo el móvil y tecleo en el chat de Fran.

Yo: Necesito tomar el aire.
Y una cerveza helada.

Fran: ¿Encontronazo con la alumna?

No tiene ninguna gracia, en realidad, pero la rapidez con la que contesta y la forma que ha tenido de expresar que sabe lo que me pasa sin que se lo haya dicho tiran de la comisura izquierda de mis labios hacia arriba.

Yo: Si lo dices así, parece una película porno. Y ya bastante tengo con mi propia imaginación como para que también te sumes tú.

Fran: Eso es que sí.

Ignora todo lo demás que le he dicho y casi se lo agradezco.

Fran: En la plaza de España
en media hora.

No me molesto en contestar más que con un emoticono con el pulgar hacia arriba. Eso era todo lo que necesitaba, que me sacaran de casa con urgencia, ir a cualquier sitio que no me recuerde a Vera, hablar de cualquier otro tema que no pueda relacionar de forma retorcida con ella y beber. Sobre todo, beber.

Viernes, 14 de octubre, 20.58 horas

—¿Te gustan las vistas?

La voz de César a su espalda sacó a Vera de su ensoñación y la hizo pestañear, pero no apartó la mirada del río Huécar.

El chico de los ojos verdes había puesto el listón muy alto para el resto de su encuentro eligiendo el puente de San Pablo como su primera parada de la noche. Este acababa de reabrirse después de una temporada en obras y la gente se había hecho eco de la reapertura. No en vano era uno de los miradores más populares de la zona gracias a sus vistas. Había más personas de camino al mirador de las que a ellos les habría gustado, pero eso no desanimó a ninguno.

Habían empezado a avanzar por la pasarela volada con lentitud. Vera, maravillada con la cantidad de luces provenientes de la ciudad que se vislumbraban desde ahí arriba; César, fascinado por lo radiante que se veían ella y su sonrisa.

Vera se había detenido junto a la barandilla que mostraba las Casas Colgadas, la atracción más turística de Cuenca. Llevaba doce años viviendo allí y las había visto desde muchas perspectivas, pero nunca desde el puente de San Pablo de noche.

—Lo siento —se disculpó con una sonrisa arrepentida, dejando de mirar al frente y girándose hacia su acompañante—, tiendo a abstraerme cuando algo atrapa mi ojo.

Vera apartó la mirada de él y la clavó en sus zapatos. Era algo que solía ocurrirle a menudo y no sería nada del otro mundo si se tratara de cualquier otra persona, pero siendo ella..., era una parte que amaba y odiaba por igual.

—Mi madre siempre me decía que era porque sé apreciar la belleza en las cosas sencillas, y yo siempre pensaba que simplemente me distraía con facilidad —comentó con una media sonrisa nostálgica—. Después descubrí el arte y todo cobró sentido.

César la escuchaba con atención. Le encantaban esas pinceladas de ella misma que le mostraba de vez en cuando. Se moría por contemplar el cuadro entero.

—No te disculpes por eso. Es muy bonito.

No supo qué más decir, porque cualquier comentario que le hiciera no sería lo bastante bueno para expresar lo fascinado que estaba por ella.

—Es la primera vez que vengo aquí de noche —dijo Vera devolviendo la mirada a las Casas Colgadas—. No me lo imaginaba así para nada.

—Es uno de los enclaves turísticos más populares de la ciudad —contestó jocoso apoyando los antebrazos en la barandilla junto a ella—. De hecho, diría que es el más conocido. ¿Cómo puede ser que no hayas venido nunca a estas horas?

Vera lo miró de refilón y apretó los labios, conteniendo una sonrisa. Hacía rato que había notado que César la miraba más a ella que al espectáculo que tenían delante, pero no quiso romper la magia del momento.

—Supongo que es bastante típico. Vives en un sitio precioso, pero estás tan metido en tu rutina que no te paras a mirar lo que te rodea.

—Madre mía... —bromeó César con una sonrisa ladeada—. Probablemente seamos los que más orgullosos estamos de nuestra ciudad y de los que más presumimos de todo lo que tenemos aquí, aunque se nos infravalore frente a las grandes metrópolis. Nos sabemos cada rincón de Cuenca como si nos pagasen por ello. Y tú..., ¿no habías venido nunca al puente de San Pablo de noche? ¿De verdad eres conquense?

Vera se volvió hacia él con una sonrisa ladeada y los ojos entrecerrados. César supo entonces que había conseguido picarla.

—En realidad, no, listillo.

César enarcó las cejas. Eso sí que no se lo esperaba.

—Soy conquense de nacimiento, pero pasé mi infancia en Valencia.

—Vaya... ¿Y llevas mucho tiempo viviendo aquí?

—Doce años, exactamente. Así que puedes seguir burlándote de mí si quieres —lo chinchó Vera, y eso hizo que la sonrisa de César se ensanchase todavía más.

—Te mudaste siendo pequeña, entonces.

Vera asintió con la cabeza.

—Con siete años.

—¿Y qué hizo que quisierais cambiar la playa por la montaña?

Vera no lo miró en esa ocasión. Clavó la vista en los focos al pie de las Casas Colgadas y respiró hondo antes de contestar con la mayor naturalidad posible.

—Quizá lo descubras a lo largo de la noche. No esperarás que te desvele todos mis secretos en nuestra primera parada, ¿no?

La mirada cargada de intención que le dedicó mientras pronunciaba cada sílaba con tono insinuante lo dejó sin aliento.

César se acercó más a Vera y se apoyó junto al hueco que había estado ocupando la chica, rozando sus brazos de forma casual pero totalmente intencionada; ambos lo sabían aunque no dijeran nada. No miró al río ni las luces ni las casas. La miró a ella, porque en ese momento le pareció la luz que más merecía ser observada.

Vera trató de mantenerle la mirada; no en vano había sido ella quien había iniciado ese duelo. Sin embargo, al final acabó por sucumbir al rubor que aquel chico provocaba en ella. Se le escapó una sonrisa y apartó la vista entre divertida y frustrada; pocas veces le había pasado aquello.

—Estás empezando a ponerme nerviosa, ¿sabes?

—¿Por qué?

—No lo sé, la manera en que me miras... —Un escalofrío le recorrió la espalda y quiso culpar al otoño y las bajas temperaturas, pero sabía que solo estaba engañándose a sí misma.

—¿Hace que te estremezcas?

Por mucho que hubiera tratado de disimular ese escalofrío, él se había dado cuenta. Sin embargo, aunque César esperaba que Vera se pusiera más nerviosa aún, se sonrojara de nuevo y quizá le soltara un manotazo de broma, la actitud de Vera lo descuadró.

La chica, lejos de apartar la mirada, cohibida, alzó la cabeza y lo observó desafiante, con una sonrisa ladeada que habría confundido hasta a la persona más serena y apática. ¿Cómo no iba a afectarle a él?

—Yo suelo usar esa palabra en otro contexto, ¿sabes?

Las cejas de César se dispararon por la sorpresa, pero no pudo aguantar la carcajada que subió por su garganta al oírla.

Su instinto no le había fallado: esa chica era, definitivamente, algo fuera de lo común. Esperaba tener la oportunidad de descubrir hasta qué nivel conseguiría alterar sus esquemas.

—Apenas son las nueve, Correcaminos —respondió separándose de la barandilla y retomando la marcha sin dejar de mirarla con intención—. Nos queda mucha Cuenca por ver antes de llegar a ese contexto.

Vera le sonrió de vuelta y se colocó a su lado, esa vez mucho más cerca que antes en varios sentidos, para continuar con el paseo por el puente y llegar al mirador.

Capítulo 7

Vera

Salgo de la ducha después de unos quince minutos debajo del chorro de agua caliente y me siento mucho más relajada. Mucho se habla de los baños de espuma, pero quedarte de pie, quieta, con el agua cayendo sobre tus hombros y destensando cada músculo mientras te rodea una nube de vapor es simplemente maravilloso. Además, la carrera que me he pegado este domingo por la mañana ha sido revitalizante y a nivel físico me ha dejado como nueva.

Es cierto que no he podido parar de pensar en César y en la conversación que se quedó a medias porque, como siempre, mi pánico tomó las riendas y me hizo salir por patas cuando me preguntó qué era lo que más temía. Sabía que acabaría saliendo ese tema tarde o temprano, pero eso no impide que la respuesta me dé un terror inmenso y no quiera enfrentarme a ello. Al menos, no por el momento. No hasta que sepa cómo explicarlo sin sentirme culpable o una niñata, algo que veo bastante improbable.

Me paso la tarde estudiando con tal de tener la mente ocupada. Mañana es lunes y no tengo clase con él. Aun así, me siento inquieta, porque durante la ruta estaba tan distraída pensando en César que no me he dado cuenta de dónde estaba hasta que ya solo podía cagarme en mi subconsciente por haberme llevado hasta el puente de San Pablo. Aquella fue la primera y única vez que lo visité de noche, y fue con él, que me descubrió un universo que ni había llegado a imaginar en tan solo unas pocas horas, tal como le pedí.

Y yo no fui más que una cría tonta que se asustó y se marchó de su casa después de la que, probablemente, fuera la mejor noche de su vida.

Ahora el karma me la devuelve haciendo que él sea mi profesor y tenga que verlo durante cuatro meses más con este nudo en el pecho. Lección aprendida: no cabrees al universo ni juegues con él porque siempre gana. Tan pronto puede estar de tu lado como volverse contra ti. Ya solo me queda sobrellevarlo y aguantar.

Me voy a dormir después de charlar un rato con mis amigas por WhatsApp y que me cuenten qué tal les fue la noche del sábado. Yo solo salí a tomar algo porque sabía que hoy tendría que hacer muchas cosas y quería aprovechar el día. Ellas, por su parte, se lo pasaron genial, ya que después fueron a una discoteca y cada una tuvo su parte de diversión.

Me acuesto y apago la luz, dejando una rayita de la persiana para ver las luces de la calle, como siempre. Es curioso como algo tan rutinario y que ya hacía antes de él ahora consiga evocar en mi mente una imagen suya muy concreta.

Me obligo a cerrar los ojos y trato de borrar ese recuerdo tan vívido de César levantándose para dejar la persiana de su dormitorio completamente subida, a pesar de que a él le gusta dormir a oscuras, solo por mí, porque yo le había dicho que me agobiaba esa oscuridad total y el no poder distinguir cuándo tengo los ojos abiertos o cerrados.

Suspiro y me sacudo como si fuera a quitarme su brazo de encima al recordar cómo me rodeó con ternura al volver a la cama.

Pensar en él no es lo que más necesito si quiero descansar, pero, claro, de lo que me conviene a lo que mi cerebro entiende, hay una brecha bastante grande. Casi tanto como la que abrí yo al cerrar la puerta de su apartamento.

—Muchas gracias, Luis —le digo a mi profesor de Historia del Arte mientras cierro el archivador. Hace como una hora que hemos empezado la tutoría de un trabajo que tenemos que entregarle a final del cuatrimestre y sobre el que no tenía las cosas demasiado claras—; ahora ya sé por dónde comenzar a estructurar el proyecto.

—Para lo que necesites, estoy a un mail de distancia.

De todos los profes que tenemos, Luis es de los más simpáticos y accesibles. Se nota que, a pesar de los años que lleva enseñando, no ha perdido la ilusión. Así que es tranquilizador poder recurrir a él.

Le sonrío agradecida y me cuelgo la bolsa en el hombro derecho. Me dirijo a la puerta del despacho sujetando el abrigo con un brazo y, cuando estoy a punto de echar mano al pomo, este gira y la puerta se abre.

La figura al otro lado del umbral no podía ser otra que la de César, con sus gafas de montura fina y lente grande que tan bien le quedan y su mochila al hombro mientras bajo el otro sostiene unas carpetas. Desde que nos hemos reencontrado, parece que el universo se empeña en hacer que coincidamos, incluso en los lugares en los que creí que no podría cruzármelo.

Él tampoco esperaba encontrarme en el despacho, a juzgar por su cara de asombro y por el movimiento de su nuez al tragar saliva; debe de estar tan nervioso como yo ahora mismo. Por suerte, reacciona rápido y toma la iniciativa para que este duelo de miradas no levante sospechas en Luis, el único profesor presente en este momento. Echa mano de su cartera, saca un papel con una especie de lista como si fuera a consultarlo y después me mira con ojos inocentes.

—Eres Vera, ¿verdad?

Tengo que contener mis cejas para que no salgan disparadas hasta la planta de arriba. ¿Va a fingir que no me conoce? Será su forma de no llamar la atención. Así que me limito a asentir con la cabeza y esperar a ver qué más se le ocurre para salir de aquí.

—¿Podrías quedarte un momento?

Me lo pienso bastante porque no sé si sería apropiado estar a solas con él, visto que Luis tiene intención de marcharse también, ya que acaba de ponerse el abrigo. Sin embargo, la parte medio racional que hay en mí me dice que no puedo saltar por encima de César para huir de nuevo de él, además de que seguramente eso solo terminaría de cavar mi tumba y después sería muchísimo más violento hablar con él.

Así que acabo claudicando sin pronunciar palabra y dejando el hueco de la entrada al despacho libre para que uno entre y el otro salga.

Una vez que estamos solos, lo primero que ocurre es un silencio tan incómodo como el que nos envolvió la semana pasada cuando entré en el aula y él estaba ahí. Aunque por unos minutos pareció que la situación se destensaba, al final la tensión volvió a subir y, por desgracia, se quedó ahí a causa de (o gracias a) la interrupción de mis compañeros.

Lo segundo es que, tras un minuto eterno, César deja de mirarme y se dirige a la mesa situada en el lado opuesto al de la mesa de Luis. Esa antes era de Lorente; supongo que también se la habrán asignado a él mientras cubre su baja.

César deja su bandolera sobre el escritorio y se coloca al otro lado, creando cierta distancia de seguridad entre nosotros. Yo lo sigo y me quedo de pie frente a él; espero que esta reunión no dure demasiado, aunque me imagino de qué pretende hablarme.

—Tengo entendido que Jaime era tu tutor.

Pestañeo varias veces, sorprendida y extrañada por esa afirmación que más bien parece una pregunta. Por eso me lleva un par de segundos contestar.

—Sí, así es.

—Bueno, como está de baja y, además de las clases, tenía algunas tutorías, también me haré cargo yo de ellas. ¿Te parece bien?

Sé que se refiere a si nuestra «historia» afectará a la relación profesor-alumna que deberíamos tener. Quiere saber si voy a sentirme todavía más incómoda con este nuevo matiz en el que no había caído hasta ahora. Una pequeña chispa se enciende en mi pecho y me seca la garganta. Incluso huyendo de él en repetidas ocasiones y haciéndole esos desplantes, sigue preocupándose por cómo me siento. ¿Cómo puede ser tan bueno y yo tan niñata?

Trago saliva y me limito a asentir con la cabeza y dibujar una pequeña sonrisa que él me devuelve casi con alivio.

—Genial. Pues espero ayudarte con lo que necesites a partir de ahora.

—No he necesitado hablar con Jaime en dos años de carrera, así que no creo que me haga falta contactar contigo tampoco, pero... gracias.

—Ya, bueno... —Se sube las gafas, aunque no le hacía falta. Parece que le divierte la situación, pero de una forma irónica—. Tal vez hacer falta no, pero —ahí viene— nos vendría bien terminar esa conversación. —Bingo—. Podríamos utilizar el tiempo de una tutoría para acabarla y no ir hablando a cuentagotas.

Se me crispa la comisura derecha; no quiero sonreír, pero el muy capullo tiene esa facilidad, lo sé desde aquella noche. Desde el primer cruce de miradas que compartimos, y después de unas pocas frases, consiguió derrumbar todos mis muros.

Sé que tiene razón y es cierto que podríamos aprovechar que ahora estamos juntos y solos, sin vistas a una nueva interrupción que haga que la conversación se quede a medias otra vez. No hay nada que impida que hablemos en este momento. De modo que termino por dejar mi bolsa y mi abrigo colgados en el respaldo de la silla a este lado de su mesa y me siento frente a él.

Esta dinámica me resulta incluso más incómoda que si estuviéramos en el aula como el otro día. Él, desde su sillón en el despacho que le han asignado, y yo, en la silla del visitante, con el escritorio en medio, separándonos y recordándonos el rol de cada uno y la línea que no debemos cruzar.

—¿Dónde lo dejamos? —pregunto a sabiendas de ello, pero mi cerebro me pedía retrasarlo unos segundos más.

—Ya lo sabes —susurra, mirándome con esos ojos verdes que me atravesaron la primera vez que nos vimos.

Asiento despacio con la cabeza y agacho de nuevo la mirada. Me intimida. No solo él, también lo que pasó entre nosotros, lo que significó y el enfrentarme a ello cuando creí que no tendría que hacerlo después de huir como una niña asustada. Una parte de mí había aceptado que, cerrando esa puerta, no volvería a abrirse y que no coincidiría con César nunca más. Que yo sería solo un fantasma en su vida, una aparición de una noche. Y ahora aquí estamos.

Suspiro y me obligo a comportarme como una adulta por una vez.

—Quieres saber por qué me fui.

César no dice nada, pero lo oigo soltar todo el aire por la nariz. Cuando lo miro y veo el gesto triste en su rostro, vuelvo a aquella noche, a su apartamento y al momento en el que se abrió a mí para contarme algo que me rompió el corazón solo por verlo sufrir. Odiaría haberle causado el mismo daño.

—No habría pasado nada si hubieras dejado una nota, un número de teléfono o me hubieras despertado para decirme que tenías que irte por el motivo que fuera —dice con tono agotado pero duro, y yo siento que me hago más pequeña—, pero marcharte así, como si solo hubiera sido un polvo de una noche... —Se me acelera el pulso—. No estuvo bien, Vera.

Me muerdo el labio inferior y trato de ordenar mis pensamientos. No fue un polvo de una noche y no pretendía que mi escapada le diera a entender eso, aunque comprendo que se lo pareciera y que le doliera. Compartimos muchas cosas durante esas catorce horas y yo las tiré a la basura cuando me marché.

—Lo sé —acabo respondiendo—, y no sabes cuánto lo siento. Me arrepentí nada más salir de tu portal.

—Pero no volviste.

Agacho la cabeza y clavo los ojos en mis manos entrelazadas sobre mi regazo. Es una manía que tengo desde pequeña cuando me siento culpable o incómoda. Es cierto que he estado con César en un ambiente mucho más íntimo y personal, tanto a nivel físico como emocional; la diferencia es que en aquel momento no tenía que preocuparme por las consecuencias de mis actos y ahora... es lo único que ocupa mi mente.

El crujido del sillón de César rompe el silencio del despacho cuando se levanta y rodea la mesa para quedar frente a mí, apoyado de espaldas al escritorio. Ya no somos profesor y alumna; solo dos personas que se conocieron, vivieron algo increíble juntos y una de ellas lo jodió todo.

Cuando no me muevo ni me atrevo a mirarlo, César se agacha y se pone en cuclillas frente a mí, dejando nuestros rostros a apenas un par de palmos de distancia, lo cual me acelera el corazón.

—Sigues sin decirme por qué. —Su tono es mucho menos acusatorio que antes, tranquilizante incluso, aunque no surte apenas efecto en mí.

Suspiro en un intento por liberar la tensión que siento sobre mis hombros, pero no funciona, así que mi instinto me pide que me ponga de pie. Él no tarda en imitarme y quedar a mi altura para que pueda mirarlo a los ojos. Entonces abro la boca, cansada de la culpa y el arrepentimiento, y dejo salir ese torbellino de pensamientos que me agobia desde que nos reencontramos.

—¿Quieres saber por qué me fui? ¿Por qué mi instinto de supervivencia se activó por sí solo cuando empecé a pensar que no se trataba de un rollo de una noche más? ¿Por qué mi cerebro me pidió que huyera antes de que la ilusión se desvaneciera? ¿Por qué quise protegerme de lo que fuera que estuviera sintiendo en ese momento? Precisamente porque me dio miedo habérmelo imaginado todo. Que solo hubiera sido una noche, algo excepcional y único que solo duraría hasta que te despertases y te dieras cuenta de que...

—Vera, para.

Capítulo 8

César

Quería mantener esa conversación con Vera, pero no de ese modo. En ningún momento pensé que se sentiría tan acorralada como para sufrir este ataque, como si estuviera forzándola a hacer algo que no quisiera.

No es la primera vez que la veo nerviosa; ya aquella noche de octubre pude ver alguno de sus miedos y cómo amenazaban con tomar el control de ella misma. Sin embargo, esta vez ha sido diferente y he tenido que pararla cuando parecía estar a punto de explotar.

—Vera... —vuelvo a pronunciar su nombre para que recuerde que estoy aquí y que puede hablar conmigo de cualquier cosa. Se lo demostré en una ocasión y me gustaría que lo tuviera en cuenta ahora también—. No quiero que te sientas obligada —aclaro después de un suspiro. Aquella noche se mostró cómoda conmigo, no deseo que eso cambie—. Quiero que hables conmigo como aquel 14 de octubre, porque te apeteció y te salió compartir tus cosas conmigo, pero comprende que yo también necesito una explicación, porque no entiendo qué ocurrió.

Tampoco esperaba volver a encontrarme en una situación en la que su boca, entreabierta, quedara a tan poca distancia de la mía. Ni que esa imagen me trajera unos recuerdos tan vívidos como los que se proyectan ahora en mi mente.

Se me eriza la piel y se me seca la garganta en el instante en el que me doy cuenta de que llevo casi un minuto mirando sus labios. Mis latidos retumban con fuerza en mis oídos cuando noto que la distancia entre nosotros se ha hecho más pequeña en este tiempo. Como si fuéramos dos imanes que se atrajesen sin remedio.

Su respiración es entrecortada y en algún momento incluso se muerde el labio inferior. Me obligo a tragar saliva ante esa visión y apretar la mandíbula. No puedo. Por mucho que el cuerpo me pida que rompa esta distancia y la bese como aquella noche, no puedo hacerlo. Eso solo terminaría de enredarlo y empeorarlo todo. Sería la ruina para ambos.

Aparto la mirada de su boca y la subo hasta sus ojos en busca de calma, aunque en realidad no encuentro demasiada en el tormento que veo tras sus iris.

—Vera... —susurro su nombre con la intención de tranquilizarnos a ambos, pero ella me interrumpe.

—Me gustabas —dice en el mismo tono, atrapándome en sus ojos, los cuales parecen estar a punto de desbordarse—. Demasiado. Y me dio miedo, porque... no quería... No quiero...

Se corrige varias veces y la veo tan frustrada al no encontrar las palabras, apretando los puños con fuerza, que mi mano se mueve sola y acaba en su nuca, con mi pulgar acariciando su mejilla.

—Está bien —susurro para calmarme a mí mismo, porque creo que, si me ve nervioso, ella se pondrá peor. Por el contrario, quizá si ve que yo estoy tranquilo, ella también se sienta mejor y pueda ordenar sus pensamientos.

Solo con ver lo agobiada que está y lo que me contó aquella noche, puedo atar cabos y entender los pensamientos que deben de estar bombardeando su cabeza en este instante y lo que cruzó por ella antes de marcharse de mi apartamento.

—Vamos a dejar de lado esto por un momento y vamos a centrarnos en que tu ansiedad se asiente, ¿de acuerdo?

Quiero creer que todavía tenemos esa complicidad que creamos sin esfuerzo para que confíe en mí y pueda ralentizar el ritmo de sus pensamientos. Por suerte, ella sola sabe que tiene que cerrar los ojos y aguantar la respiración un par de segundos antes de soltar todo el aire por la boca varias veces.

Aun así, voy guiándola y repitiéndole que está haciendo un buen trabajo, que siga respirando de esa manera y que en unos pocos segundos se sentirá mucho mejor. Cuando lo hace, incluso yo noto que está más tranquila.

—¿Mejor? —murmuro sin dejar de tocarla.

Vera frota su mejilla contra la palma de mi mano muy lentamente. Yo contengo un escalofrío y las ganas de dejar un beso tierno en su frente, porque quizá no surtirá el efecto que espero y la alterará de nuevo. Sin embargo, todo esto refuerza lo que ya sospechaba antes: seguimos compartiendo esa conexión que creamos aquella noche.

Asiente con la cabeza, pero no se aparta, ni yo quiero que lo haga, porque eso significaría que vuelve a huir de mí y odio esa distancia entre nosotros.

—¿Lo ves? —Su voz tiembla—. Es este tipo de cosas las que me dan miedo.

—¿Que pueda calmar tu ansiedad?

Su cabeza se mueve en un gesto afirmativo.

—No sé cómo lo haces o por qué resulta tan...

Espero a que encuentre la palabra, pero al final no puedo resistirme y termino completando la frase por ella.

—¿Natural?

Vera me mira y yo tengo que contenerme para no mostrar que la forma en que ha clavado sus ojos en los míos, tan intensos e inocentes, ha hecho que se me erice la piel. Menos mal que es invierno y llevo jersey. Si no, ya me habría delatado yo solo. De todos modos, para no levantar sospechas y continuar con este tono íntimo y distendido que hemos adoptado, rompo el silencio de nuevo.

—Debe de ser cosa del destino.

Un destello cruza su mirada y sé que he conseguido picarla.

—¿El destino? —pregunta con un deje divertido y una pequeña sonrisa ladeada que me embelesa. Asiento con la cabeza y a mí también se me relaja la expresión hasta el punto de estar casi sonriendo—. ¿El destino o el universo?

Ahora sí, una curva torcida de satisfacción se dibuja en mi cara. Sabía que entendería a qué me refería.

—No iba a usar esa palabra, pero ya que la mencionas...

Vera suelta una mezcla de resoplido y carcajada sarcástica.

—No ibas a mencionarla, pero es justo la que tenías en mente.

—Eso tú no lo sabes —continúo chinchándola—. ¿O es que ahora lees el pensamiento?

La veo poner los ojos en blanco y eso me da a entender que está más relajada. Suelto su cara y apoyo los dedos en la mesa sin apartarme del todo de ella. Aunque la distancia sigue siendo la misma, ambos estamos más calmados, especialmente Vera, y eso es lo que más me importa. Para hablar con sinceridad es necesario tener la mente despejada, y ella, hace unos instantes, no la tenía.

—No vamos a hablar del universo —declara con decisión, y ahora sí que veo a la chica determinada y atrevida que conocí aquella noche—. Ahora no.

—¿Me vas a decir que no parece hecho adrede que nos volviéramos a encontrar cuando menos lo esperábamos?

Es un pensamiento que he tratado de mantener alejado de mi mente, pero es cierto que no puedo evitarlo eternamente. ¿Quién nos iba a decir que acabaríamos aquí, ahora, otra vez?

—César... —me advierte, y tengo que aguantarme una sonrisa, porque solo le falta señalarme con un dedo acusador.

—Vera... —la imito divertido.

—No.

—Esto tiene mucho que ver con la pronoia, ¿no crees?

—Para. —Me asesta un ligero puñetazo en el hombro, pero ni siquiera ella puede aguantarse alguna que otra risotada. Parece que también recuerda cuando hablamos de esa palabra y su significado—. En serio, no deberíamos tener... esta atmósfera.

—Ya. —Me pongo un poco serio al recordar dónde estamos y las consecuencias si nos encontrasen en una situación ligeramente comprometida—. Porque soy tu profesor y tú eres mi alumna.

—Exacto. Es... inapropiado.

Asiento con la cabeza porque tiene razón. Aunque ambos seamos mayores de edad y ya nos conociéramos antes de estar en esta situación, sería del todo incorrecto que algo más ocurriera entre nosotros; tendríamos que dar demasiadas explicaciones.

—Estoy de acuerdo —claudico—, pero también creo que hay ciertas cosas que deberíamos tener en cuenta antes de limitarnos a mantener una relación de profesor y alumna.

—¿Qué cosas?

Se me dispara una ceja casi hasta el techo. No puedo creer que vaya a hacer como que esa noche solo lo pasamos bien y ya, no voy a permitírselo solo porque su miedo quiera tomar el control. Tanto ella como yo sabemos que lo que parecía que iba a ser un rollo de una noche terminó siendo y significando mucho más.

—Esa noche no hubo solo sexo, Vera. —Mi tono es serio, pero necesario—. Compartimos muchas cosas y, en mi caso, cosas que no creí que le confiaría a alguien que acabara de conocer. Creo que no soy el único que no lo ha olvidado.

Ella suspira y se pasa la mano por la frente, inquieta.

—No, no lo he olvidado, pero no sé qué quieres que te diga. —Sigue estando nerviosa, pero al menos no parece que la ansiedad vaya a apoderarse de ella de nuevo—. Tuvimos una noche fantástica, increíble, de cuento de hadas. Y fue especial, claro que sí, más que muchas que había tenido.

—También lo fue para mí. —No me pasa desapercibida esa mirada de «No me lo pongas más difícil» que me dedica, y decido, como creo que haría con cualquier cosa, concedérselo—. Entiendo que es una situación delicada y no te estoy pidiendo repetir aquella noche ni nada por el estilo. —Por mucho que me gustaría, sé que no es lo correcto, y eso tampoco se lo digo a ella, porque podría empeorarlo todo entre nosotros—. Solo quiero saber que podremos estar en esa clase sin sentirnos incómodos, sobre todo tú.

Vera agacha la cabeza y mueve la pierna de forma nerviosa, indecisa. Pero ¿sobre qué? A pesar de la conversación que dejamos a medias al comienzo de la última clase, el resto de la hora transcurrió sin problemas y creo que ambos supimos comportarnos, marcando una distancia de seguridad para no levantar sospechas y protegernos. Ahora solo estamos acordando continuar así y limitarnos a esas interacciones esporádicas en torno a lo académico.

—Estaré bien —termina por contestar alzando la cabeza con tanta determinación que me sorprende. Sabía que era decidida y tenía carácter, pero, cada vez que la veo o hablo con ella, me asombra más—. No te preocupes por mí.

Me lleva un poco de tiempo encontrar la forma de responder, pero acabo por asentir en silencio y separarme de ella para volver al otro lado de la mesa. Parece que ya podemos ajustarnos al rol que cada uno va a tener que seguir a partir de ahora.

—De acuerdo. Entonces, me alegro de haber aclarado las cosas —digo por fin.

Y si era esto lo que teníamos que hacer y a donde tenía que llevarnos esta conversación, ¿por qué ninguno de los dos parece estar conforme? ¿Por qué ella parece tensa y por qué yo noto una presión extraña en el pecho?

Vera apenas se mueve y, cuando la miro de reojo, la encuentro pensativa. Me planteo acercarme de nuevo a ella y seguir hablando, porque no parece satisfecha con el resultado. Sin embargo, antes de que tenga tiempo de deshacer mis pasos, alza la barbilla, recoge su bolsa y su abrigo, sin mirarme, y camina hasta la puerta.

Habría esperado algún tipo de despedida por su parte, cualquier comentario, pero no el portazo que da cuando sale del despacho. Se me hunden los hombros después de estos minutos de tensión y me dejo caer en mi sillón. Apoyo el codo en el brazo lateral y me tapo la cara con la mano.

Ha sido una conversación con tantos altibajos que la cabeza me da vueltas. Aun así, prefiero haberlo aclarado todo entre Vera y yo ahora y no cuando el problema se hubiera hecho tan grande que no pudiéramos controlarlo. Habría sido una tortura que una parte de mi cerebro hubiera estado más centrada en mirarla a ella o pensar en ella durante las clases que en el tema del que tuviera que impartir.

Joder.

¿A quién pretendo engañar? Puede haber quedado claro que nada más volverá a pasar entre nosotros, pero... No sabré frenar mi imaginación ni mis pensamientos cuando la tenga delante. Eso, por desgracia, es algo que no puedo controlar.

Viernes, 14 de octubre, 21.27 horas

Todavía era temprano, y eso les venía bien para todos los planes que ellos querían llevar a cabo aquella noche; no dejarían un rincón de la ciudad sin marcar con sus huellas, sus palabras o las miradas que César y Vera se dedicaban el uno al otro.

—Esto es increíble —comentó ella sentada en el murillo junto a la iglesia de Nuestra Señora de las Angustias, con la mirada absorta en las montañas que se alzaban frente a ella, al otro lado de la barandilla—. Creo que nunca había subido aquí de noche; solo había estado de día, y confieso que no me había fijado demasiado.

—¿Acaso me has mentido y acabas de cumplir los dieciocho? —bromeó César con ella, situándose a su lado—. ¿Cómo es posible que no hayas visitado tantos sitios emblemáticos de la ciudad de noche? Es cuando todo brilla más y cuando mejor se aprecia la belleza de cada esquina de Cuenca.

—Simplemente no soy muy de turismo, me gustan más los planes básicos de salir, tomar algo... Pero admito que, por mucho que me haya encantado el puente de San Pablo, esta es la parada que más me ha gustado hasta ahora. Has puesto el listón alto para el resto de la velada.

—Es un crimen que sea la primera vez que vienes —dijo César mientras le tendía uno de los sándwiches que habían comprado para llevar—. Es probablemente mi lugar favorito de la ciudad.

—Me gustan las luces y que no haya nadie por aquí —comentó Vera echando un nuevo vistazo a su alrededor—. Le da intimidad a la iglesia y un toque muy mágico.

—Aquí se casaron mis padres hace treinta años —le contó él de forma espontánea. No era un dato relevante ni que hubiera previsto compartir con ella, tan solo le salió contárselo.

—Deben de tener unas fotos preciosas —contestó Vera sonriendo—. ¿A ti te gustaría casarte aquí también?

—No es algo que me haya planteado a estas alturas, pero supongo que sería un lugar bonito y simbólico para hacerlo.

—Son esos pequeños detalles los que marcan la diferencia y hacen que todo sea mucho más especial, ¿no?

César no respondió, pero sonrió al verla a ella tan embobada observando la zona, visualizando cada detalle. El silencio los rodeaba, pero no necesitaban el ruido de la ciudad. El sonido de sus pensamientos entrelazados ocupaba la mente de ambos.

—¿No hay nada que te resulte curioso desde este sitio? —le preguntó César mientras Vera paseaba por la pequeña plaza frente a la iglesia.

Entonces se volvió hacia él con interés.

—¿Debería haber algo?

César se levantó del murillo y se puso a su altura. Después, la cogió de los hombros con suavidad y la situó de frente a la montaña que se veía desde el mirador.

—Ahí. —Señaló con el dedo a la distancia, apoyando la barbilla en su cabeza, un gesto íntimo que salió de manera tan natural que ninguno de los dos se sintió incómodo. Todo lo contrario, de hecho—. No se ve demasiado bien porque es de noche, pero se distingue un dibujo. ¿Lo ves?

—¿Son... —Vera entrecerró los párpados para aguzar la vista— ojos?

César sonrió todavía más y la felicitó.

—Muy bien, forastera. Ya no te pregunto de qué color son porque a este paso te quedarás ciega.

Vera intentó darse la vuelta y atizarlo, pero él la sujetó rodeándole la cintura con confianza y diversión. Al final, la muchacha terminó riendo con él y aceptando el abrazo.

—¿Quieres que te cuente la leyenda de la mora?

—¿Tiene que ver con los ojos en la montaña?

—Eso es. Los ojos de la mora. La leyenda dice que una doncella musulmana que vivía aquí tras la reconquista de la ciudad se enamoró de un soldado cristiano y él de ella, así que empezaron a verse en secreto, ya que el padre de ella la había prometido en matrimonio con un joven de su misma religión y su familia no lo habría aprobado. Estaban tan enamorados que incluso acudieron a un cura para que este bautizara a la doncella y después los casara.

»Sin embargo, el prometido de ella la mantenía vigilada y se enteró de las intenciones de la pareja. Acabó asesinando al soldado por despecho y venganza mientras la mora esperaba en la torre del reloj a que su amado apareciera. Pero no lo hizo.

»Cuando ella se enteró de la tragedia, intentó suicidarse, pero el cura que iba a casarlos la detuvo hablándole del pecado que era el hecho de quitarse la vida a voluntad y de que ni siquiera así conseguiría estar con él. La única manera que había de reencontrarse con el soldado era convirtiéndose al cristianismo, así que eso hizo y terminó sus días en el convento que había en la calle San Pedro.

—¿Y los ojos? —preguntó Vera, que había estado escuchando la voz de César en su oído con la piel erizada—. No han aparecido en toda la historia.

—Hay quien dice que, en realidad, la mora no murió en la torre del reloj, sino en el cerro donde están los ojos, el Cerro de la Doncella, donde su prometido asesinó a su amado. Los estudiantes de arte de la universidad los pintan cada año de un color distinto para mantener viva la leyenda. Ahora no se ven muy bien, pero son verdes.

Vera no lo mencionó, pero estaba deseando llegar a esa parte del curso en la que los llevaban al cerro para ver los ojos de la doncella más de cerca. No le había dicho a César que ella sería uno de esos alumnos ni que en realidad estudiaba en la Facultad de Bellas Artes de la Universidad de Cuenca. Quizá ese habría sido el momento perfecto, pero no supo por qué no lo mencionó y se limitó a agradecerle que le hubiera contado la leyenda de la mora.

—Es una gran historia. Trágica, sí, pero preciosa.

César no contestó, porque sabía que no era necesario. De hecho, ambos agradecieron el silencio que los rodeaba y la atmósfera cálida y mágica que los envolvió en aquel momento.

Ninguno de los dos habría querido romper el instante, pero el aire frío de octubre los obligó a regresar a la moto de César y marcharse de allí en busca de refugio para su cuerpo, ya que ambos sabían, aunque no lo admitieran en voz alta, que su alma ya lo había encontrado.

Capítulo 9

Vera

—Vale, a ver si lo he entendido —me interrumpe Silvia cuando he terminado de contarle mi encuentro con César en su despacho. Estaba a punto de entrar en bucle sobre lo confusa que me siento después de esa conversación. Si Andrea no hubiera tenido que quedarse en el trabajo un par de horas más y estuviera aquí, me habría frenado mucho antes—. Al final habéis quedado en actuar simplemente como profesor y alumna, como si no os hubierais acostado ni nada, ¿no? —Asiento con la cabeza sin poder evitar apretar los labios—. ¿Y no era eso lo que querías?

—¡Sí!

—¿Y por qué parece que acabe de romper contigo?

—¡No lo sé!

Entierro la cara entre mis manos con desesperación y un gruñido de frustración.

Esta mañana, después de que César dijera que ya estaba todo aclarado con ese tono tan serio y tan... de profesor distante y desconocido, he sentido un pinchazo en el pecho que me ha asustado hasta el punto de querer salir corriendo y no reprimirme.

No sé qué me pasa con César, por qué tengo estos sentimientos encontrados de «quiero seguir conociéndolo» y «no puedo, no debo y no me atrevo». Aparte del hecho de que sucumbir a ese primer deseo ahora sería del todo inapropiado y traería consecuencias terribles para ambos.

Joder, si es que solo hay motivos para no continuar con esto y, aun así, la culpa me come. Porque he sido yo quien le ha dicho que no siguiéramos por ahí, que no podíamos. Y, aunque él lo haya aceptado, sus ojos y su sonrisa torcida cargada de cariño me han dado a entender que sí quería. ¿Y qué puedo hacer yo? El miedo no desaparece de un plumazo solo por desearlo; si fuera así, nadie tendría miedo de nada. Y yo lo tengo. Estoy aterrada por todo lo que ocurrió aquella noche con César, por lo que sigue haciéndome sentir y por cómo puede acabar lo que quiera que sea esto.

—¿Quieres saber mi opinión? —me pregunta Silvia después de dar un trago a su batido gigante de plátano y fresa. Esta vez hemos optado por una merienda un poco más sana porque, de seguir a este paso, habría acabado alcoholizada después de cada encontronazo con César.

—Ya la sé —contesto con la voz amortiguada, pero ella no me hace caso.

—Te gusta ese tío —sentencia, y para mí es como un puñal en el estómago—. Te gusta una barbaridad. Y no quieres intentar nada con él porque te da miedo sentir y que te haga daño.

—La teoría me la sé.

—Entonces, lo que te falta son ovarios para mandar el miedo a tomar por culo y tirarte a la piscina.

Otra cosa quizá, pero Silvia no se anda con rodeos. Es una de las características que siempre me han gustado de ella: que sea tan directa y clara, aunque a veces se pase de bruta.

Me paso las manos por la cara con un quejido de desesperación.

Sé que tiene razón y que todo este lío se ha armado por mi estúpido miedo al compromiso, a que todo acabe mal y que la que se quede hecha trizas sea yo. Porque las relaciones muchas veces son así. Lo das todo de ti, te entregas en cuerpo y alma, pero no es suficiente, y eso frustra, desmotiva y aterra. Porque duele. Mucho. Lo he visto con mis propios ojos y no quiero tener que vivirlo. Ni siquiera si se trata del tío que más segura me ha hecho sentir en mi vida.

—Mira. —Silvia acerca su taburete al mío y me coge de la mano antes de hablarme con una suavidad que no creí que ella pudiera mostrar—. Colgarse de alguien es aterrador, porque parece que le estés dando el control sobre ti, lo que quieres y lo que sientes. Y sabes que sé de lo que hablo. —Asiento con la cabeza y aprieto su mano; ella también ha tenido sus malas rachas en esto de las relaciones—. Aun así, vivir, en muchas ocasiones, consiste en eso, en arriesgarse, apostar y cruzar los dedos. A veces se gana y otras se pierde, pero siempre se aprende. Si dejas que ese miedo te controle, no vas a vivir nunca de verdad y terminarás preguntándote «¿Qué habría pasado si...?». Y esa sensación es una puta mierda.

Su última frase me arranca una pequeña sonrisa a la que le sigue un suspiro de agotamiento. Sé que tiene razón. Y este consejo me habría venido genial si les hubiera hablado antes de César. Si no me hubiera ido de su casa a hurtadillas, si hubiera hablado con mis amigas de ese tío que conocí en un bar y que resultó ser un descubrimiento asombroso. Si este miedo me hubiera atacado en ese momento, habría agradecido tenerlas ahí para darme ese empujoncito que necesitaba. Ahora, por desgracia, todo es mucho más complicado.

—El caso es que ahora hay más cosas en contra, ¿sabes? —digo con la mirada clavada en mi vaso largo de batido de mango ya casi vacío—. Esto habría estado bien que lo oyese la primera vez que lo vi, cuando nos conocimos, pero en la actualidad... Es mi profesor y, si ya no me siento cómoda sabiendo todo lo que he hecho con él y todo de lo que le he hablado, imagínate si volviera a tener algo con él. Puede que me expulsasen de la universidad o que a él lo despidieran...

—Vale, ahora solo estás cavilando —vuelve a interrumpirme— y buscando nuevas excusas para justificar tu miedo.

—No son excusas...

—Sí lo son, Vera. —Me callo cuando adopta ese tono de madre—. Entiendo que este revés que os ha dado el puto destino no es plato de buen gusto para ninguno de los dos, pero al final la que tiene la última palabra y la que toma las decisiones eres tú. Tienes que aprender a diferenciar las amenazas o los problemas reales de los que tu cabeza se inventa para que no te atrevas a hacer o tener algo que deseas.

»Tienes que hacer lo que quieras, lo que te apetezca, y dejar de pensar en las posibles catastróficas consecuencias. Porque te voy a decir una cosa: el noventa y nueve por ciento de las cosas que nos imaginamos no acaban ocurriendo. Son solo obstáculos que nos separan de lo que de verdad queremos. De nosotros depende sortearlos o quedarnos estancados en ellos. Voy a por otra ronda, ¿vale?

Asiento con la cabeza de forma automática y, cuando se levanta y se acerca a la barra, sigo pensando en todo lo que me acaba de decir.

Silvia siempre ha tenido ese mantra de carpe diem junto a la idea de que, sea lo que sea lo que venga después, ya se encargará la Silvia del futuro. Hasta ahora no le ha ido mal, a pesar de algunos baches tanto amorosos como familiares que se ha encontrado. Así que algo debe de estar haciendo bien.

Quizá debería intentar adoptar un poco esa filosofía de vida y centrarme en lo que tengo, en el aquí y el ahora, en las posibilidades que se me presentan en este momento, en lo que quiero en la actualidad para mí. En dónde quiero estar y con quién. Sobre todo con quién. Porque, hasta donde recuerdo, nadie me había hecho sentir como César aquella noche, tan comprendida y arropada, segura y no juzgada por nada. Y esos son sentimientos que no puedo borrar ni ignorar por mucho que me esfuerce en ello.

El problema es que, cada vez que decido dar un primer paso hacia delante y atreverme a avanzar con los pies temblorosos pero decidida, esa voz en mi cabeza que me advierte de la posible piedra en el camino que me hará tropezar y caer se vuelve más audible. Ensordecedora. Y termino por bajar la pierna de nuevo y quedarme donde estoy, estancada y quieta, viendo lo que quiero alcanzar cada vez más lejos. Hasta que me rindo y dejo de intentarlo.

Capítulo 10

Vera

Durante el resto de la semana, si pudiera ver mis latidos reflejados en un electrocardiograma, se apreciaría la montaña rusa más aterradora del planeta. Incluso sabiendo que tengo clase con César, que voy a verlo, a tener que escucharlo mientras explica y a intercambiar miradas con él de vez en cuando con esos iris verdes que me atraviesan sin piedad, los nervios me comen cada vez que entro en el aula.

Lo disimulo bien, claro, seguramente sea la alumna más invisible de mi clase y casi nadie me presta especial atención. A sus ojos no paso inadvertida; estoy segura de que soy la persona a la que más mira de todos sus alumnos, de forma consciente o inconsciente, eso ya no lo sé y no sé si quiero saberlo. Solo sé que más de una vez, cuando no soy yo la que lo está observando a él, siento sus ojos clavados en mí y, cuando levanto la mirada para devolvérsela, él mismo se da cuenta de que el tiempo límite ha expirado y la aparta. Esto es un sinvivir.

Por inercia, me siento en las últimas filas durante las clases teóricas en los pupitres del anfiteatro. La ventaja es que estoy más lejos de César, el inconveniente es que él me ve mejor porque estoy más alta y lejos de los demás: soy fácil de localizar.

Cada clase la afronto con el objetivo de tratarlo como a un profesor más, tal y como acordamos que haríamos a partir de nuestra charla; sin embargo, el hecho de verlo tan concentrado impartiendo las clases, la seriedad con la que habla de pintura y el toque divertido que pone en algunos comentarios y que arranca más de una risa cómplice en mis compañeros... Todo me trae demasiados recuerdos y termino con el corazón desbocado.

Entro y salgo rodeada del resto de los alumnos, aunque no comento nada de la clase con ninguno de ellos, y me camuflo para que César no me vea salir. Unos minutos después, cuando estoy en el coche, intento tranquilizarme. Me miro en el espejo del parasol y respiro hondo varias veces. Aun así, no puedo contener el cabreo que siento conmigo misma y me regaño por comportarme de esa manera.

—Tonta, tonta, tonta... —me repito masajeándome el cuero cabelludo casi con rabia. Suspiro resignada.

¿Qué pensará él?

Ha tenido que darse cuenta de estas actitudes, de cómo salgo corriendo despavorida para no encontrarme con él..., aunque no diga nada y solo se dedique a dar su clase y mirarme de vez en cuando. Eso en realidad está bien porque, mirándolo desde esa perspectiva, César sí que está cumpliendo con su parte del trato de tener una relación estrictamente profesor-alumna: solo habla conmigo durante las clases en contadas ocasiones y sobre temas relacionados con su asignatura, y no hemos vuelto a coincidir en los pasillos de la facultad.

La única que está haciendo el ridículo aquí soy yo.

Me miro en el espejo de nuevo, con el ceño fruncido, y niego con la cabeza.

—Tonta y patética. Eso es lo que eres —reprendo a mi reflejo—. Diecinueve años y no eres más que una niñata.

No dejo de refunfuñar mientras arranco el Peugeot 307 granate del año de la pera que mi madre me dejó cuando decidió irse a recorrer Europa, y sigo haciéndolo todo el camino hasta casa. La parte buena es que no encuentro demasiado tráfico. De lo contrario, habría acabado pagando mi enfado conmigo misma con cualquiera que no pusiera un intermitente.

Leave Before You Love Me sale de la radio y llena el cubículo, lo que tampoco me ayuda demasiado. Especialmente si habla de pasar una noche alucinante y después dejar que la otra persona se despierte sola. Demasiado parecido a la realidad. Cambio de emisora y pongo una en la que solo hablan de noticias; no creo que nada de lo que digan me recuerde a una de las peores cosas que he hecho en mi vida.

Aparco en el primer hueco libre que encuentro y salto del vehículo todavía con los hombros tensos. Cuando entro por la puerta de casa y, como de costumbre, la encuentro vacía y silenciosa, no me resisto a poner un poco de música para llenar el salón.

Estoy tan metida en mis pensamientos que no presto mucha atención a la canción que suena en ese momento, y casi mejor; no quiero arriesgarme a que me toque una como la de la radio del coche.

Me dedico a mantenerme ocupada: recoger la manta del salón, despejar la mesa grande de todos los apuntes que tengo desperdigados por encima o pasar el plumero por el mueble de la televisión. Después, voy a la cocina y, tras meter los platos en el lavavajillas y fregar lo que sea, voy de armario en armario apuntando todo lo que necesito comprar. Y no descarto ponerme a limpiar el baño cuando termine aquí.

Sí, parezco una maruja, pero de verdad que necesito distraerme y no centrarme en César y en todo lo que hay —o podría haber— entre nosotros. Si me da por pararme a dedicarle un solo segundo a eso en este momento es probable que me vuelva loca.

Llamaría a Silvia y Andrea para ir a tomar algo, pero, entre que están trabajando y que no ando muy bien de pasta, descarto esa opción enseguida. De modo que lo único que me queda para evitar que la casa se me caiga encima y que me coman los pensamientos intrusivos sobre César es salir a dar un paseo y aprovechar para hacer la compra. Así estaré distraída durante un par de horas.

Me calzo las zapatillas deportivas, me pongo la chaqueta y me cuelgo el bolso en bandolera antes de salir del apartamento con los auriculares en los oídos, al ritmo de Taylor Swift y su *Cruel Summer*. Con las manos metidas en los bolsillos, me aventuro en las calles de Cuenca.

Al principio me entretengo decidiendo qué camino tomar hasta el supermercado y mirando las fachadas y pintadas que ya me sé de memoria, pero enseguida me abordan los recuerdos de aquella noche de octubre con César, los rincones que recorrimos juntos, los que me descubrió y esos que ya conocía pero que, después de él, adquirieron un nuevo significado.

Gruño frustrada al ver el puente de San Pablo a lo lejos y acelero el paso para alejarme y también alejar ese momento en el que empezamos a lanzarnos miradas que decían más que las propias palabras y a insinuar cómo iba a terminar la noche.

«—La forma en que me miras...

»—¿Hace que te estremezcas?»

El mero hecho de recordar el tono coqueto e insinuante que me dedicó, efectivamente, me provoca un escalofrío.

El mundo podrá decir lo que quiera, pero, cuando una mirada, una frase, una sonrisa o una persona se clava en ti, tanto da que sea desde el primer momento, es igual de difícil de arrancar. Eso es lo que me pasa con César. Todo él, su forma de mirar y todo lo que esconde, se me ha quedado clavado y no tengo ni idea de cómo sacarlo de mí. Ni siquiera sé si es posible.

Entro a comprar y, tras varias vueltas por los pasillos y unos veinte minutos de distracción, salgo por la puerta automática con dos bolsas llenas de comida. Tenía el frigorífico casi vacío; es lo malo de vivir sola y organizarse mal. Esta vez decido volver a casa sin dar tanto rodeo y atajo por la plaza de España. Camino rápido y con la mirada en el suelo para no tropezar con ningún escalón; sin embargo, no me da por pensar que mi obstáculo puede ser otro y parecerse más a un muro que, para mi suerte o mi desgracia, reconozco en cuanto levanto la cabeza.

Viernes, 14 de octubre, 22.14 horas

Después de los mitos y las leyendas, César decidió llevar a Vera a uno de los rincones de Cuenca que no aparecen en las guías turísticas y probar su pizza favorita de la ciudad. Apenas habían tomado un sándwich y un refresco hacía un rato, además de la cerveza que habían compartido en el pub donde sus caminos se cruzaron, de modo que ambos agradecieron sentarse en un lugar cerrado y comer algo.

Estaban frente a frente en una mesa redonda mientras compartían una pizza carbonara sin cebolla ni champiñones en la mitad de Vera y con extra de champiñones en la de César. Eran dos alimentos que la chica no soportaba ni por su olor ni por su textura. Un nuevo dato sobre ella que él acumuló en su memoria. Quizá fuera algo minúsculo, pero estaba dispuesto a conocer cada manía y cada detalle de esa chica, hasta el más mínimo.

—¿Y bien? —le preguntó después de verla dar el primer bocado.

Vera asintió con la cabeza, todavía saboreando la masa a la que le había quitado los champiñones para dejarlos sobre la mitad de César.

—No está mal.

—¿No está mal? —repitió él con los ojos como platos.

—Vale, no está nada mal.

César la observó unos segundos entre escéptico y divertido, hasta que no aguantó más y soltó una pequeña risotada mezclada con un resoplido. Alargó el brazo y cogió una porción.

—Es que, si no le echas cebolla, pierde toda la gracia. Y ya ni hablemos de los champiñones... La has dejado insípida.

Vera fingió una arcada que a César le hizo sonreír. Le gustaba que fuera tan expresiva; le divertía.

—¿Y hay alguna otra comida que no puedas ni oler? —le preguntó él después de un par de mordiscos—. ¿O tu cruzada es únicamente contra las cebollas y los champiñones?

—Oye, hay gente más rara que yo —se defendió Vera dando un sorbo a su Coca-Cola—. Tengo una amiga a la que no le gustan las croquetas.

César dejó de masticar de forma dramática y la miró sin dar crédito.

—Me estás vacilando —dijo con una seriedad que a Vera le arrancó una carcajada mientras negaba con la cabeza—. ¿Por qué sigues siendo su amiga?

Esa vez Vera no contuvo la risa. Sin duda, Silvia era peculiar, pero también lo eran ella y Andrea, su otra mejor amiga, así que pensó que en realidad se compensaban unas a otras.

—Nadie es perfecto —zanjó justo antes de volver a morder su pizza—. Además —añadió mientras la saboreaba—, seguro que tú mismo tienes alguna rareza de ese estilo o que no tenga que ver con la comida, igual que tus amigos.

—No pienso añadir nada más sin que haya un abogado presente.

—Venga, háblame de ellos —insistió curiosa—. ¿Cómo

son? ¿Con quién te llevas mejor? ¿Por qué te han dejado plantado esta noche?

—Eso último también podría preguntártelo yo a ti.

—Hazlo, pero después de contestar, porque yo he sacado el tema primero.

César no pudo contener la comisura derecha de sus labios cuando se curvó hacia arriba ante lo dicharachera que era y la rapidez mental que Vera estaba demostrando tener. Tomó la servilleta para limpiarse las manos y la cara, y se inclinó sobre la mesa para estar más cerca de ella. Carraspeó y la miró entre coqueto y arrepentido.

—Tengo que confesarte algo.

Un brillo malicioso apareció en la mirada de Vera antes de interrumpirlo.

—En realidad no te han dejado tirado, sino que has sido tú quien los ha abandonado para hablar conmigo.

César se quedó mudo. ¿Ella se había dado cuenta? Pero ¿cómo? Ni siquiera se había despedido de sus colegas cuando estos salían del bar mientras ellos dos seguían charlando en la mesa que habían ocupado tras chocar.

Vera estaba disfrutando de verlo tan desconcertado y, sin apartar la mirada de él, sonrió de medio lado antes de sincerarse ella también.

—No solo tú te has fijado en mí cuando he entrado en el bar. Aunque no te mirase demasiado ni haya dado el primer paso para hablar contigo, también me habías llamado la atención.

Los hombros de César se relajaron sin que él se diera cuenta de la tensión que había estado reteniendo. Una sonrisa de alivio se dibujó en su cara y le devolvió la mirada intensa y cómplice que ella estaba dedicándole.

—Vaya... —musitó todavía impactado por la revelación de Vera—. Qué pronoia.

Vera frunció el ceño.

—¿Pronoia?

César asintió con la cabeza. No había pensado que quizá ella no supiera a qué se refería, así que trató de explicarlo lo mejor que pudo.

—La pronoia es parecida a la paranoia, pero al revés. —Hizo una pausa para pensar—. Una persona está paranoica cuando cree que todos los demás están en su contra, cuando parece que conspiran para hacerle daño. La pronoia es todo lo contrario. Es cuando crees que el universo está haciendo todo lo posible para que a ti te ocurran cosas buenas, que todo lo que te rodea y todo lo que sucede a tu alrededor es en tu beneficio.

—Entonces —dijo Vera un par de segundos después de que él terminase de hablar—, que tú y yo nos hayamos encontrado hoy, que estemos juntos en este preciso momento..., ¿es todo obra del universo?

—Eso me gustaría pensar. Que, de alguna manera, el hecho de que tus amigas hoy no pudieran salir, que estuvieras sola en el bar, que yo te viera y tú me vieras a mí, que mis amigos se fueran sin mí... Todo eso significa que el universo ha querido unirnos.

Vera no dijo nada, pero tampoco apartó la mirada de él. Sentía que esa conexión que había nacido entre ellos cada vez se hacía más fuerte y solo podía dejarse llevar por la curiosidad de hasta cuándo podría alargar esa sensación y esa electricidad entre ellos.

—Me parece —susurró al cabo de unos segundos— que yo también voy a optar por creer que ha sido así.

Los siguientes minutos transcurrieron en silencio, pero ninguno de los dos estuvo incómodo. Al contrario. Ambos se sentían dentro de una burbuja que nadie podía hacer explotar y de la que no querían salir en lo que quedara de noche.

—¿Y bien? —continuó Vera con la conversación anterior pasado ese tiempo, todavía con la voz un poco anonadada, mientras picoteaba del borde de la porción de pizza que llevaba todo ese rato en su plato—. ¿Qué hay de tus amigos? Háblame de ellos.

—Somos cuatro —contestó César pestañeando unas cuantas veces para despertar del letargo que había supuesto esa conversación sobre el universo—. Fran, Rodri, Carlos y yo, aunque siempre he estado más unido a Fran; fuimos vecinos de niños y siempre estuvimos en la misma clase en el colegio y en el instituto.

—Es genial que conserves una amistad desde hace tantos años.

—Sí, a veces es demasiado intenso, pero es un buen tío.

—Igual que mi Silvia. —César frunció el ceño—. La de las croquetas. —Él torció el gesto con dramatismo y Vera sonrió—. Se pasa de bruta cuando se emociona, pero es parte de su encanto. También es amiga de la adolescencia. Es la amiga más antigua que tengo —comentó con una sonrisa nostálgica.

—¿No tienes contacto con ningún amigo del colegio de primaria?

—No, no tenía muchos y ahora están bastante lejos.

—Viviste en Valencia antes que en Cuenca, me has dicho antes, ¿no?

—Sí y no. —Vera sonrió de modo enigmático a la expresión desconcertada de él—. Quizá en la siguiente parada te hable de ello. Todavía quedan rincones de Cuenca que ver, ¿no?

César le devolvió la sonrisa con un brillo en sus ojos verdes que a Vera le erizó la piel.

—Cierto, aún tenemos mucho universo por descubrir.

Capítulo 11

César

El portazo que he dado al llegar a casa me ha hecho reaccionar y darme cuenta de que estaba conteniendo demasiada tensión después de la clase de hoy.

Tras la charla que tuve con Vera en mi despacho provisional, acordamos limitar nuestra relación a lo referente a la universidad y nada más. Ella lo quiso así y yo no deseé insistir porque, aunque quise transmitirle calma en un momento de ansiedad, también tenía un lío enorme en la cabeza.

De hecho, lo sigo teniendo. Y lo peor es que cada vez va a más, porque el hecho de ver que entra y sale como una bala de mi clase, que se sienta en la última fila para evitar interactuar conmigo y que aparta la mirada de mí cuando yo la poso en ella..., me saca de mis casillas. Creía que hablar y aclarar las cosas haría que todo fuera más fácil para los dos, pero lo cierto es que lo único que ha logrado es que ambos nos sintamos todavía más incómodos.

—Joder... —murmuro entre dientes dejándome caer de espaldas al sofá.

Cuando he salido de la facultad, lo único que quería era llegar a casa, corregir trabajos, preparar las clases que me quedan del resto de la semana y acostarme. No pensar más en ella ni en esta tensión que nos rodea cada vez que nos encontramos en la misma sala.

Sin embargo, las paredes me comen y el silencio me aplasta. No soy capaz de concentrarme y veo que, cuando vaya a acostarme, no podré ni cerrar los ojos. Y si consiguiera hacerlo por cualquier fuerza divina, estoy seguro de que solo la vería a ella y oiría su risa, como aquella noche que pasó en mi cama, y nada más.

De modo que recurro a Fran, como siempre, y él no tarda en citarme en un bar del centro, cerca de donde trabaja, en una hora. Con un suspiro entre resignado y aliviado, recojo los trabajos que tenía pendientes de corregir y los dejo en un montón en una esquina de la mesa; ya tendré tiempo de encargarme de ellos durante el fin de semana.

Me pongo la chaqueta y salgo de casa ansiando aire fresco. El ruido de la calle y el frío en la cara me despejan enseguida. Me cierro la chaqueta un poco más y camino deprisa por el centro de la ciudad. Todavía no ha anochecido, pero sí empieza a haber menos luz. Cruzo un par de pasos de peatones y en unos pocos minutos estoy en la plaza de España.

Atravieso el corazón de esta con paso ligero y vuelvo a cruzar fijándome en que no venga ningún coche. Estoy a punto de rodear una furgoneta cuando me obligo a frenar en seco antes de chocar con una figura que también caminaba deprisa y sin mirar al frente. Solo levanta la cabeza cuando me nota delante, y el color desaparece de su rostro.

Vera.

«Joder... Otra vez.»

Con la furgoneta en medio no la he visto, y casi la hago tropezar y tirar las bolsas que carga. Entre que yo estaba cruzando por donde no debía y que ella iba como una bala y con la mirada clavada en el suelo, no nos hemos caído de milagro.

Nos quedamos mirándonos sin saber qué decir; ella, blanca como la leche, y yo, sin ningún pensamiento coherente en mi cerebro. De hecho, lo único que oigo son los latidos de mi corazón retumbando en mis oídos. El puto universo conspirando otra vez para que no dejemos de encontrarnos.

¿Pronoia o paranoia?

«No. No. No. No puedo ponerme a pensar en esa palabra ahora, no cuando la tengo delante.»

Cuenca no es una ciudad grande, es fácil de recorrer en un solo día, así que no debería sorprenderme toparme con ella por sus calles. De hecho, lo raro es que no nos hayamos encontrado antes, desde que nos dedicamos a marcar cada rincón con nuestras huellas hasta que volvimos a vernos en la universidad.

No puede ser el universo, me niego a pensarlo.

Y, aun así, aquí estamos..., los dos como pasmarotes y esperando a que el otro diga algo, cualquier cosa, con tal de cortar este silencio. Sin embargo, no somos ni ella ni yo quien lo hace. Alguien nos saca de este bucle de miradas.

—¡Eh! —Una mano moviéndose de lado a lado llama mi atención detrás de ella.

Fran me saluda desde el final de la calle y avanza hacia donde estoy yo, porque parece que no solo se me ha olvidado hablar, también caminar o mover los brazos. Solo por ella. Solo por verla.

Me vuelvo hacia Vera con la intención de despedirme de forma educada y sin tensiones, pero Fran nos alcanza antes de que tenga tiempo de pensar qué decir. Ella sigue ahí, quieta y callada, mirándome como si fuera un fantasma.

—Eh —repite Fran cuando se coloca a mi lado, dándome una palmada en el hombro—, al final he podido escaparme unos minutos antes. —Entonces se percata de la presencia de Vera y le sonríe—. Hola, soy Fran, un amigo de César.

Vera pestañea varias veces, como si acabara de volver de un sueño, e intenta sonreírle de vuelta.

—Hola —contesta dándole dos besos—, yo soy...

—Una alumna —recupero la voz justo a tiempo, aunque sé que no voy a poder engañar a Fran y que se ha dado cuenta de mi nerviosismo al instante. Lo sé por cómo me mira justo después.

—Ah, una de tus alumnas.

Asiento con la cabeza y miro a Vera, todavía más incómodo que antes. Ella aprieta los labios y agacha la mirada; sí, también ha notado el cambio en el tono de Fran. Desde luego ninguno de los aquí presentes se ganaría la vida como actor; ninguno sabe disimular.

—Sí, una de ellas —farfulla Vera entre dientes.

No quiero preguntarme qué ha significado ese tono irónico en su voz. De verdad que no quiero, pero no puedo evitarlo. ¿Qué ha pasado por su mente? Es evidente que se ha dado cuenta de que Fran sabe lo nuestro, pero no sé por qué tengo la sensación de que hay algo más detrás de esas cuatro palabras y el énfasis en *una de ellas*.

Otra cosa más que se suma a la larga lista de todos los puntos que necesito contarle a Fran con una cerveza. O dos.

—Oye, íbamos a tomar algo —rompe Fran el silencio y yo lo miro horrorizado. No irá a...—. ¿Por qué no te vienes?

Mis ojos se abren como platos.

«¿Qué coño haces?», me encantaría decirle en voz alta, pero tengo que limitarme a que lo entienda con una mirada.

Vera me mira con la duda pintada en esa cara tan... Joder, sí, tan bonita. Tiene la palabra *socorro* escrita en la frente y no puedo evitar lanzarme en su ayuda, aunque no tarda en interrumpirme.

—Pues...

—Es que llevo congelados. —Fran la mira con una ceja levantada. Ninguno de los dos nos esperábamos esa respuesta. De hecho, creo que ni siquiera Vera esperaba contestar eso, a juzgar por su siguiente susurro, que parece más dirigido a sí misma—: Madre mía, qué vieja he sonado. —Aprieto los labios porque una sonrisa amenaza con asomarse por mi boca y sé que no puedo permitirme eso ahora mismo. Al final, Vera levanta la cabeza y trata de sonreír de forma educada mientras contesta—: Eh... Gracias de todos modos. —Entonces se vuelve hacia mí—. Igualmente no sería...

—No, no lo sería.

Ninguno lo dice en voz alta, pero los dos sabemos qué palabra terminaba su frase. *Apropiado.* No sería apropiado encontrarnos en ese ambiente distendido y amistoso si lo que queremos precisamente es marcar distancia entre nosotros y limitarnos a ser profesor y alumna.

—Nos... vemos el jueves —dice a modo de despedida, dando un paso hacia atrás para rodear la furgoneta por el otro lado y alejarse—. En clase.

Yo asiento con la cabeza y trato de sonreír con cordialidad. Después, ella se da la vuelta y se aleja de nosotros a paso ligero. No puedo evitar seguirla con la mirada, clavando los ojos en el trote agitado de su coleta y rememorando de forma inconsciente ese mismo movimiento pero en otro lugar, en otro contexto.

Aparto la mirada de ese recuerdo con brusquedad y me paso

una mano por la cara, desesperado y regañándome a mí mismo por acordarme de aquello.

Si creía que la tensión durante las clases me estaba matando, este encontronazo ha acabado de destrozarme. Ahora sí que no voy a poder pegar ojo en toda la puta noche.

—Joder con la alumna —dice Fran, quien no ha dejado de mirarla hasta que ha doblado una esquina y ambos la hemos perdido de vista..., para descanso de mi ritmo cardiaco. Después, mi amigo se gira hacia mí y niega con la cabeza y un brillo burlón en los ojos—. Me parece que esta tarde vas a necesitar algo más fuerte que un par de cervezas.

Capítulo 12

César

Me bebo la primera jarra casi de un trago y la dejo vacía de nuevo sobre la mesa bajo la mirada atenta de Fran. Desde que nos hemos sentado en el bar, ha esperado con paciencia a que yo me sintiera preparado para comenzar a hablar. Lo bueno de conocernos desde hace tanto tiempo es que no necesitamos decir este tipo de cosas.

Cada encuentro con Vera me deja más en la mierda, y este no ha sido la excepción. Si ya necesitaba despejarme después de lo de esta mañana, ahora que la he visto de nuevo fuera de la universidad... Era cuestión de vida o muerte.

Levanto la mano para pedirle al camarero otra cerveza y echo la espalda hacia atrás. Fran lo interpreta como una invitación a comenzar a hablar.

—Pues sí que te tiene jodido el tema de la alumna.

Le gruño y lo miro con cara de pocos amigos.

—¿Y tú en qué estabas pensando para invitarla a venir a tomar algo con nosotros?

—No sé, se me ha ocurrido que a lo mejor lo que necesitáis es veros fuera de la facultad y olvidar un poco el rol que tenéis allí.

—No —respondo rotundo—. Eso no tendría sentido. Solo empeoraría las cosas. El problema ha surgido precisamente por habernos visto fuera de la universidad. Volver a hacerlo lo enredaría todavía más y nos haría sentir más incómodos y tensos a los dos dentro del aula. Además, ya hablamos ella y yo de que eso no volvería a pasar y que teníamos que limitarnos...

—A ser profesor y alumna, que sí —me interrumpe, y pone los ojos en blanco—, lo repites tanto que pareces un disco rayado.

—Pues ya está —zanjo de forma contundente, encogiéndome de hombros, y doy un trago más controlado cuando tengo mi segunda cerveza en la mesa—. Lo único que quiero es distraerme y sacarla de mi mente durante un rato. Quizá así, poco a poco, me acostumbre a tenerla presente solo cuando me la cruce en la facultad, dado que ahí no puedo evitarla para siempre. Pero al menos me gustaría dejar de pensar en ella fuera de ese edificio y seguir con mi vida.

Fran asiente, pero no dice nada. Sé que no está del todo convencido de lo que he dicho —sinceramente, tampoco yo lo estoy—, aunque le agradezco que no me enrede más la cabeza.

Un silencio se instaura entre nosotros, pero, para mi desgracia, mi cerebro sigue reviviendo el encontronazo con Vera de hace un rato. Algo me indica que no voy a sacármelo de la mente en lo que queda de tarde..., ni de noche.

La mejor manera de no dedicar pensamientos a algo es estar ocupado y, si es pasando tiempo fuera de casa para que no se me caigan las paredes encima ni me bombardeen los recuerdos, es incluso una opción más acertada. Lo tengo comprobado. Por eso, cuando mi madre me escribe para ir a comer con ellos al día siguiente, no me lo pienso y respondo que sí al instante.

Llevo años independizado y unos cuantos incluso viviendo solo, pero la comida casera de una madre no se puede imitar. Hace un par de años le regalé un libro de cocina en blanco para que creara con él su propio recetario apuntando ingredientes, pasos a seguir y toda la información necesaria para que algún día me lo regalase ella a mí y pudiera comer en mi propia casa como cuando vivía con ellos. Aun así, no sé cómo lo hago, pero nunca me queda nada igual que a mamá.

—Es el cariño de una madre el ingrediente que te falta —se burla de mí cuando deja la cacerola de lentejas en el centro de la mesa y se sienta entre mi padre y yo.

—Pues lo tienes chungo, hijo —le sigue la broma él soltando un par de carcajadas—. Como mucho, el de un padre podrás añadir, aunque todavía te queda para eso.

—Supongo que tendré que seguir comiendo lentejas aguadas hasta entonces.

Cojo el plato de mi madre y le sirvo primero. Después, hago lo mismo con el de mi padre y, por último, sirvo el mío. Mientras comemos, me preguntan por mis amigos y el trabajo y yo les cuento un poco por encima cómo va todo.

—Genial —contesto sonriendo para tranquilizarlos—. Es verdad que tengo muchas cosas que hacer y que me paso el día trabajando, pero me gusta y siempre puedo sacar un rato para tomarme algo con Fran.

No les cuento nada sobre Vera, evidentemente. A mis padres solo les hablo de chicas después de un tiempo de conocerlas, cuando creo que la cosa puede cuajar; lo que, en realidad, solo ha ocurrido una vez y no terminó bien.

En el caso de Vera, apenas tuve una noche para conocerla. Una noche que fue intensa, reveladora y mágica, pero que se esfumó cuando salió el sol. Además de que solo les preocuparía todavía más el saber que esa chica que conocí en un bar y con la que conecté a un nivel que no había experimentado nunca ahora resulta ser una de mis alumnas, que tenemos una situación delicada y que estoy más confundido que cuando se largó de mi casa sin decir nada.

No los haría sentir muy tranquilos.

Me obligo de nuevo a no pensar en Vera y me centro en mis padres. Les pregunto por ellos, por la casa y el trabajo. Lo bueno que tiene mi madre y su vena habladora es que enseguida llena los silencios con anécdotas y comentarios graciosos que te envuelven. Me cuenta cosas hasta de los vecinos, con los que ya no tengo apenas relación, y eso me ayuda a centrar la mente en algo distinto.

Acabamos de almorzar y tengo que echar el cuerpo hacia atrás en la silla porque me he llenado y me siento pesado, pero, joder, qué buenas estaban.

—Cariño, cada día te superas más —la halaga mi padre, quien, sin falta, todos los días la felicita y le da las gracias por su mano en la cocina, algo que a ella la hace sonreír en cada ocasión.

—¿Qué dices? Si estaban igual que siempre —le quita importancia con una sonrisa.

—Algo les debes de haber echado esta vez, que estaban... —Mi padre no termina la frase, sino que se lleva los dedos de una mano a los labios y luego los extiende hacia fuera después de darles un beso en las yemas—. *Chef's kiss* —añade con una sonrisa.

Mi madre se ríe y le da un golpe cariñoso en el hombro. Yo los observo embelesado y no puedo evitar sonreír y pensar que algún día me gustaría encontrar a alguien con quien compartir estos momentos que, aun cotidianos, llenan poco a poco el vaso de la felicidad.

—¿Te han gustado? —me pregunta ella girándose hacia mí—. ¿Te has quedado bien o quieres algo más?

—Estaban buenísimas, mamá, gracias.

—Pues te llevas un táper y así no tendrás que preocuparte por la comida un par de días más.

Lo afortunado que soy de tener esta familia.

El resto de la semana se me hace corta y larga al mismo tiempo. Por un lado, los días que no tengo clase con el grupo de Vera me resultan ligeros y rápidos, entretenidos, mientras que la siguiente sesión que tengo con ella pasa a ser tensa, incómoda e interminable. Se trata de la clase práctica de la semana, en la que estamos en el aula de pintura, practicando el tema de la clase teórica de los martes.

Como esperaba y como ya hizo la semana pasada, Vera se coloca en el puesto más alejado de mí y apenas me mira mientras les explico el ejercicio. Suerte que están los lienzos entre nosotros y tampoco tengo tiempo de pararme a mirarla demasiado.

No estoy seguro de hasta cuándo va a continuar esta tirantez entre nosotros, pero espero que no mucho, por el bien de la clase y de mi salud cardiaca. Cada vez que nuestras miradas se encuentran por casualidad siento un microinfarto que me deja tartamudeando durante unos segundos espantosos. Quizá solo necesitemos tiempo para adaptarnos a vernos de esta manera, con esta barrera, y olvidar las otras cosas que hemos compartido.

El tema de hoy son las curvas, cómo jugar con el movimiento de muñeca y la fluidez de las formas para hacer la pintura más realista y natural. Les permito experimentar durante un rato después de dejar algunos objetos, como un jarrón con varios adornos y bolas de cristal alrededor, para ver qué interpretaciones hacen, mientras me paseo entre los lienzos. Resuelvo algunas dudas puntuales, vuelvo a interactuar esporádicamente con esa alumna que parece más interesada en mí que en la asignatura y, sin darme cuenta, llego hasta su puesto.

Me quedo unos segundos mirándola a ella y su lienzo en blanco con el ceño fruncido. Hace rato que ha comenzado la actividad, pero Vera no ha trazado una sola línea. De hecho, ni siquiera ha mojado el pincel. Echo un vistazo rápido al resto del grupo; parece que están trabajando bien, así que me acerco a ella dejando cierta distancia y digo tras un carraspeo:

—¿Estás bien?

No pretendía asustarla, pero da un pequeño respingo y se vuelve hacia mí, aunque enseguida aparta la mirada y la clava de nuevo en el lienzo vacío.

—Perfectamente —responde cortante.

No lo parece y, de hecho, sigue sin moverse y sin iniciar el ejercicio. Quizá esté bloqueada y necesite ayuda, de modo que me acerco un poco más, hacia la mesilla donde tiene todas las pinturas intactas.

—¿Con qué color vas a empezar?

Su mirada se desvía hacia los botes y es entonces cuando lo noto. Ese ligero tic en su ojo derecho.

Joder.

No está bloqueada. Está tensa y tiene el ceño fruncido del

enfado. Enfado consigo misma. Seguramente haya estado durmiendo mal a causa de nuestros encontronazos y por eso tiene ese temblor en el párpado.

Una sola noche y ya tuve tiempo de descubrir esos secretos que apenas nadie conoce de Vera.

—El verde —acaba contestando después de apretar los labios con fuerza de la frustración.

Extiendo la mano para coger el pincel más pequeño, el que les he indicado que utilicen en esta primera parte del ejercicio, y lo restriego un poco por la bola de color verde aceituna. Después se lo tiendo y ella lo coge, rozando mis dedos de tal modo que tengo que contener un escalofrío. ¿Lo habrá sentido ella también?

—Gracias —susurra dedicándome un amago de sonrisa que me seca la garganta.

Su tic ha desaparecido y eso quiere decir que está más tranquila. Me alegro.

Trago saliva con fuerza y me repito que no puedo permitir que me afecte tanto algo tan simple como esto. Me aparto de ella y la dejo trabajar en paz.

Necesito poner distancia con Vera y alejar los pensamientos que me inundan cada vez que mi piel entra en contacto con la suya; ignorar la corriente eléctrica que me atraviesa cuando sus ojos se clavan en mí con esa intensidad que me deja sin aliento; olvidar todo lo que he sentido con ella y todo lo que todavía me hace sentir.

Me obligo a centrarme en la clase y en el resto de los estudiantes. No quiero que ningún otro alumno se dé cuenta de la mirada que hemos compartido o de la intimidad de ese momento y saquen conclusiones precipitadas. Aunque lo cierto es que también serían conclusiones acertadas.

Viernes, 14 de octubre, 22.56 horas

Después de discutir por quién pagaba la cena y terminar acordando hacerlo a medias para que todo fuera más justo, César y Vera volvieron a la moto para recorrer algunos de los rincones de Cuenca que todavía esperaban a ser descubiertos.

A Vera le encantaba la sensación de libertad que experimentaba cuando el viento rompía contra sus brazos y piernas. Se sentía volar. César, por su parte, se había dado cuenta de la calidez que lo invadía cada vez que ella apretaba los brazos alrededor de su cuerpo, como si buscara seguridad. Ninguno de los dos sabía en qué concluiría todo, pero de lo que sí estaban seguros era de no querer perdérselo.

En la siguiente parada se detuvieron después de subir y bajar unas cuantas cuestas empinadas que desembocaron en la catedral de Santa María. César apagó el motor cerca de los arcos del final de la plaza y ambos caminaron uno junto al otro hacia la puerta principal del templo. Aunque estaba cerrado a esas horas de la noche, un par de focos permitían apreciar bastante bien la fachada, lo que maravilló a Vera.

—¿Te puedes creer que llevo viviendo aquí desde los siete años y nunca había venido a verla de noche?

A César le hizo gracia que hiciera prácticamente el mismo comentario en cada lugar al que la llevaba.

—Pero ¿tú de verdad has salido alguna vez por aquí? —se burló de ella una vez más.

—Sí, pero, cuando empecé a salir con mis amigas, estaba más centrada en ir de fiesta que en hacer turismo.

—Me parece un auténtico delito —contestó él con una sonrisa ladeada mientras la seguía hasta el centro de la plaza para admirarla mejor—. Es incluso más espectacular que de día.

—Eso estoy viendo.

César dejó que Vera se empapase del arte barroco que mostraban sus arcos y columnas después de la reforma del siglo XVIII. El chico le habló de la historia y el arte de la catedral y de algunas curiosidades de la fachada. Vera lo escuchaba fascinada por todo lo que él sabía y le estaba contando; era la primera vez que alguien la atrapaba de aquella manera y no estaba segura de si era por lo mística y especial que estaba siendo esa noche, pero quería seguir descubriendo todo el universo que él quisiera mostrarle.

—Es increíble —susurró observándolo con admiración—. Llevas toda tu vida aquí y sabes muchísimo de la ciudad.

—Me gustan estas cosas. Soy muy curioso, igual que siento un interés repentino por cómo ha sido tu vida antes de conocernos esta noche. Ya he empezado a tenerlo en el restaurante.

Vera sonrió de nuevo enigmática, pero la expresión no llegó a sus ojos, que, por el contrario, se oscurecieron y se apartaron de él.

—Es una historia un poco larga.

—Tenemos toda la noche, ¿no?

—Y no es bonita.

—Eh... —César se acercó a ella y le sostuvo la mano entre las suyas, sintiendo esa calidez que llevaba notando entre ellos desde la primera mirada—. No tienes que contármelo si no quieres. Yo puedo sentir curiosidad, pero tampoco quiero que te sientas obligada. Me gustaría conocerte más, pero solo hasta donde tú te sientas cómoda.

Vera lo miró con el corazón acelerado y unas ganas repentinas de abrazarlo. Porque nadie, aparte de sus amigas, había conseguido hacerla sentir tan cómoda como él. Mucho menos en tan poco tiempo.

—Yo nací aquí —empezó a contarle sin soltarle la mano, pues le daba cierta estabilidad que por el momento no quería dejar ir—, aunque nos mudamos enseguida por el trabajo de mi padre. Toda mi infancia la pasé en un pueblo de Valencia, pero la verdad es que no me considero tanto de allí. —Vera tragó saliva—. Mi madre y yo nos volvimos hace doce años, porque este siempre había sido su hogar y en realidad ella nunca quiso marcharse. Si lo hizo fue para estar con él y para que yo tuviera una figura paterna.

»Aunque lo cierto es que habría sido mejor que se fuera él solo.

César no necesitó que Vera dijera nada más. Algo en su forma triste y dolida de hablar de su padre le hizo darse cuenta de que la relación de este con su madre no había terminado bien. Puede que de la peor manera.

—Vera...

—Quiero contártelo, en serio. —Vera sabía que él iba a detenerla, pero lo interrumpió antes de que lo hiciera y lo miró con una sonrisa de confianza—. Tú quieres conocerme y yo quiero que me conozcas. Aunque pueda espantarte —añadió con una ligera risilla nerviosa que él le devolvió con una sonrisa tranquila.

—No lo harás. Quiero escucharte.

Vera asintió con la cabeza y se mordió el labio inferior, sin saber por dónde continuar.

—Es lo que te imaginas, sí. La presión del trabajo y los problemas con el juego que desarrolló mi padre terminaron por volverlo violento cuando mi madre le pedía cualquier cosa que se saliera de sus planes. —Vera soltó una carcajada irónica mirando al cielo—. Planes que en realidad eran pasarse todo el día en el casino después de perder su trabajo y ocultárselo a mi madre durante semanas. Empezó a beber más de la cuenta y discutían prácticamente todas las noches. Hasta que una de ellas se pasó de copas, perdió mucho dinero en el juego y se desquitó con ella.

Odiaba llorar por aquello, pero no pudo contener las lágrimas cuando se acumularon en sus ojos. A César se le encogió el corazón mientras le acariciaba la mejilla húmeda. Ya lo había advertido de que no era un tema fácil y estaba dándose cuenta de que, a pesar de los años, la herida emocional seguía ahí.

—La encontré por la mañana en el salón todavía hecha un ovillo. Apenas tenía seis años, pero entendía lo que había pasado. Y ella también, aunque no supo reaccionar. Hasta que no pasé a ser yo su objetivo, no se dio cuenta de que teníamos que salir de allí.

A César se le tensó la espalda y apretó la mandíbula. Había supuesto que había sido su madre la que habría sufrido esa violencia y por eso se habían marchado de Valencia; no creía que ella también hubiera tenido que pasar por aquello.

No quería interrumpirla si necesitaba hablar y sacarse de la mente todo lo que implicaban esos recuerdos, pero la rabia que crecía dentro de él era mayor que la que había sentido nunca.

—¿Te has dado cuenta de esto?

Vera se señaló el ojo derecho y César supo a qué se refería. Lo había notado la primera vez que la tuvo tan cerca, en ese bar hacía unas pocas horas, pero no le dio demasiada importancia. Una pequeña línea azulada se extendía desde su iris hasta casi el final de su ojo, atravesando la esclerótica.

—¿Te lo hizo él? —murmuró entre dientes.

Vera asintió con la cabeza.

—Fue con un vaso. No directamente. Estaba enfadado, discutió con mi madre y, antes de que pudiera irme a mi habitación para esconderme, lo tiró contra la pared. Se rompió y uno de los cristales me dio en el ojo. Tuvieron que operarme de urgencia y faltó poco para que perdiera la vista, pero lo arreglaron. Aunque de vez en cuando, si estoy nerviosa o he dormido mal, me tiembla y veo borroso.

»Mi madre se dio cuenta de que ya no se trataba solo de ella, de que también era un peligro para mí. Por eso nos fuimos y regresamos aquí. Gracias a Dios no hemos vuelto a saber nada de él.

—Tu madre fue valiente.

—No, no digas eso. No se es valiente por salir de ahí, porque entonces las personas que se quedan por miedo parecen unas cobardes y no es así. No es justo que nadie tenga que pasar por eso ni que caiga sobre ellos la responsabilidad de soportarlo o escapar.

César asintió con la cabeza.

—Tienes razón —añadió pasando el pulgar por su mejilla—. Lo importante es que salisteis de ahí y ahora estáis bien las dos. ¿No?

Vera movió la cabeza afirmativamente.

—Nos costó un poco asentarnos, adaptarnos a un cambio tan brusco y tener que empezar casi de cero, pero ahora somos felices —dijo sonriéndole—. En verano ella se fue de viaje con sus amigas a recorrer Europa y todavía no ha vuelto, así que te puedes imaginar.

La risa de Vera destensó el ambiente que los había envuelto y César se alegró de que solo se hubiera tratado de un instante de recordar momentos duros.

—Gracias por contármelo.

César y Vera se miraron con tanta intensidad que tuvieron la sensación de haber parado el mundo, pero no, en realidad lo único que se detuvo fue el universo que ambos estaban creando a su alrededor.

Capítulo 13

Vera

Esta mañana me he despertado bien. De verdad. Había dormido poco, como la noche anterior, pero no estaba tan tensa como cuando me he dado cuenta de que era jueves y tenía clase con César.

Ahí ha sido cuando he empezado a ver borroso por el ojo derecho y ha comenzado a temblarme el párpado..., hasta el punto de no ser capaz ni de coger el pincel yo sola en clase. La tensión acumulada y la falta de horas de sueño han sido el detonante.

Él se ha dado cuenta cuando se ha acercado a mí y, aunque le he agradecido que me tranquilizase y ayudase a coger el pincel, no debería haberlo hecho si lo que quería era crear distancia entre nosotros. Eso solo ha conseguido hacerlo todo más incómodo.

Mirarnos como nos hemos mirado y tocarnos, aunque solo haya sido un segundo, como nos hemos tocado, no ha sido la mejor manera de disimular frente a los demás alumnos ni de olvidar lo que había ocurrido entre nosotros una vez.

—Pero te ha gustado tocarlo —comenta Andrea por la noche cuando ya llevan un rato en mi casa. Íbamos a salir a tomar algo las tres y luego a una discoteca, pero no tengo yo el cuerpo para tumbos, así que el plan se ha descartado y ha sido sustituido por una pizza y una peli en mi sofá—. ¿Qué has sentido?

Andrea siempre ha sido la más romántica de las tres y le encanta indagar en cualquier atisbo de tensión sexual o emocional que vea. Es esa amiga que hay en todo grupo que tiene más probabilidades de casarse antes que las demás o que acabará encontrando a su príncipe azul en una biblioteca, cuando los dos choquen porque iban sin mirar y sus manos se toquen al querer recoger el mismo papel.

Lee tantas novelas románticas que sus expectativas sobre el amor están tan altas como el Everest y a menudo intenta contagiarnos su entusiasmo, por lo que suele ganarse más de una mirada iracunda como la que yo le estoy dedicando ahora.

—Andy, no puedo permitirme esa clase de sentimientos. —Se lo digo a ella, pero también me sirve como recordatorio para mí, porque parece que todavía no me ha calado el mensaje—. No quiero tocarlo, no quiero que me guste tocarlo y mucho menos quiero seguir pensando en cómo ha llegado a tocarme él a mí.

Silvia suelta una carcajada desde el pasillo mientras vuelve del cuarto de baño. Cuando está en el salón con nosotras, se acomoda a mi derecha, dejándome a mí en medio de las dos, y me mira con malicia.

—Vamos, que te has tocado pensando en el profe, ¿no?

—¡Tía! —Le tiro un cojín a la cara, al que da un puñetazo, y este termina en el suelo, lejos de nosotras—. Para. Si quiero dejar de pensar en él como alguien más que mi profesor, tendré que empezar por dejar de imaginármelo de esa forma.

—¿De qué forma? —pregunta con una sonrisa traviesa que miedo me da lo siguiente que vaya a soltar—. ¿Desnudo, encima de ti, sudoroso y empujando su...?

—¡Que pares! —grito levantándome y tapándome los oídos, aunque ya es tarde: el recuerdo del César que conocí esa noche en esa postura ya se ha colado en mi mente y ahora solo puedo pensar en todo lo que sentí en ese momento—. Esto se podría considerar tortura.

Silvia cruza las piernas a lo indio tras quitarse las zapatillas deportivas con toda la calma del mundo. Coge un nacho de la bolsa y lo baña en salsa de queso antes de llevárselo a la boca y dirigirse hacia mí.

—Tú lo que tienes que hacer es salir de fiesta, ligarte a alguien y traértelo a casa. Que se te quiten todas esas fantasías de profe-alumna de la cabeza tan propias de una peli porno. ¿Cuánto hace que no follas?

Aparto la mirada y aprieto los labios. No quiero contestar a eso, aunque supongo que mi silencio en sí ya es una respuesta. Sé que ambas van a adivinarlo enseguida porque nos conocemos desde hace tantos años que es imposible ocultarles nada a las otras, y está claro que yo no he vuelto a estar con nadie desde ese 14 de octubre, cuando conocí a César.

—Ay, madre —dice Andrea entre risas y tapándose la cara con un cojín, como si no fuera a verla ni oírla—, no me extraña que no dejes de pensar en él.

—No es solo por el sexo, ¿vale? —intento defenderme, y, aunque técnicamente es cierto, no puedo negar que las veces que me acosté con César esa noche no fueron para nada como las anteriores que había estado con alguien.

—Que también —añade Silvia.

—Os odio.

—Qué va. Nos quieres mucho. —Silvia me dedica un gesto de la mano como restándole importancia a lo que acabo de decirles—. Volviendo al tema principal... Ya sabemos que tu obsesión con él no tiene solo que ver con el sexo, pero, como no quieres hablar de *S-E-N-T-I-M-I-E-N-T-O-S* —lo deletrea en susurros como si no fuera a entenderlo y fuera a asustarme solo por oír esa palabra—, vamos a centrarnos en sacar al profe de tu cabeza de otra manera. Y esa es tirándote a otro.

Me cruzo de brazos y me tenso.

—No sé si me convence el plan. No le veo mucha lógica.

—Se trata de ir descartando opciones. Si después de eso sigues pensando en él, buscaremos otra alternativa. Como una lobotomía, por ejemplo.

Ya sí que no me contengo. Cojo el primer cojín que tengo a mano y se lo lanzo a la cara. Silvia lo esquiva y termina dándole a Andrea. Así es como se desata la batalla de almohadas que dura varios minutos hasta que entre ambas me derriban sobre el sofá. Después de gritar varias veces que me rindo y que ellas se rían como locas encima de mí, me liberan y las tres caemos rendidas en el sofá con la respiración acelerada.

Mi madre tiene razón, a veces seguimos comportándonos como niñas.

—Entonces, ¿qué? —pregunta Silvia cuando nos hemos recuperado un poco del ejercicio—. ¿Salimos mañana?

—Yo curro hasta tarde —se lamenta Andrea.

—Y yo tengo mil trabajos de la uni que entregar.

—Sois unas muermas. El finde que viene no os libráis —nos apunta con un dedo acusador, a lo que no nos queda más remedio que asentir.

No sé si su plan dará resultado o no, pero la verdad es que no me apetece estar con nadie más. No porque me pase el día fantaseando con volver a acostarme con César (me tengo prohibido pensar siquiera en ello), sino porque no siento que vaya a conectar tan bien con alguien en una sola noche como para querer traerlo a casa o irme con él a la suya.

Eso solo me ha ocurrido una vez en la vida y es precisamente lo que me ha metido en todo este lío.

Capítulo 14

César

Cada vez necesito con más frecuencia tomar una copa después de ver a Vera en clase o por la calle, y eso no es bueno; a este paso acabaré dándome a la bebida, pero de verdad.

El fin de semana Fran convence a Carlos y Rodri de venir a casa y se nos pasa la tarde y la noche del sábado entre jugar a videojuegos, pedir comida a domicilio (con pelea incluida entre pizzas o hamburguesa y una victoria reñida de las primeras) y hablar de todo menos de chicas. Porque, aunque Rodri y Carlos no conocen toda la historia con Vera, sí que saben que tengo un problema con esa joven con la que pasé la noche del 14 de octubre.

—Esto es una intervención en toda regla —digo después de pausar *Super Mario Kart* para ir a por unos botellines a la nevera—. ¡No creáis que no me he dado cuenta! —les grito desde la cocina cuando los oigo susurrar algo que no llego a entender del todo.

—¿Es que unos tíos no pueden pasar tiempo con su colega porque sí?

—No lo pintes así, que nos conocemos. —Apunto a Rodri con el índice una vez que vuelvo a la sala; qué mal se le da disimular—. Vosotros sois más de bares y ligues, no os va el plan de Play y cena en casa. Fran y yo somos más caseros que vosotros.

—Ahí nos ha pillado —admite Carlos desde el sofá encogiéndose de hombros.

Deposito los cuatro botellines encima de la mesa de café y me dejo caer en el sillón a la izquierda de mis amigos, sitio que llevo toda la tarde ocupando. Al principio me ha sorprendido verlos de repente en mi puerta, hasta que he comprendido que en realidad estaban aquí para hacerme hablar, que me desahogue y aconsejarme. Con franqueza, se lo agradezco, aunque sutiles, precisamente, no hayan sido.

—A ver —empieza a decir Rodri después de dar un trago a su cerveza—, si tú no quieres hablar de la chati en cuestión...

—Por favor, no la llames así —interrumpe Fran a Rodri, que es el que desde luego habla más viejuno de los cuatro, y hace que Carlos y yo tengamos que aguantarnos la risa—. A nadie. Pero nunca jamás. Es una palabra horrible que se usaba hace más de treinta años.

Rodri levanta las manos en señal de rendición y pone los ojos en blanco. Él puede estar cansado de que le digamos que actualice su diccionario, pero nosotros por supuesto que no.

—Vale, pues si no quieres hablar de la pava...

—Joooooodeeeeer.

—Tío, si todavía existiera el *Un, dos, tres*, te forrarías —dice Carlos antes de llevarse su cerveza a los labios.

—Sois unos putos pesados. ¿Nos vas a contar qué te pasa o no? —me espeta, y yo tengo que pensármelo.

No estoy seguro de si debería contarles todo lo que ha pasado con Vera en las últimas dos semanas, porque conozco a Rodri y Carlos, especialmente al primero, y sé que van a acabar por reírse en mi cara y no aportar nada para ayudarme a sacármela de la cabeza. De los cuatro, soy el más sentimental y el que más se apega a las personas; lo admito. Y, aunque pueda parecer lo contrario, Fran va justo detrás de mí.

El que no se complica la vida es Rodri, que cada fin de semana, si puede, está con una chica distinta. No porque sea un mujeriego cabrón que va de flor en flor sin importarle lo que sientan los demás; él simplemente no quiere ataduras y eso lo deja siempre claro antes de irse a casa con alguien. Carlos, por su parte, es un punto intermedio. Si salimos y liga, bien; si no, también. Ha tenido alguna que otra relación seria, pero ninguna ha durado más de dos o tres años.

En general, somos un cuadro, pero no nos va tan mal. Bueno, al menos ellos no tienen en la cabeza el lío que tengo yo.

Suspiro apoyando la espalda en el respaldo del sillón y me digo a mí mismo que tienen razón y necesito esta intervención. Quizá salga algo bueno de aquí y aprenda a lidiar con esta situación con Vera de alguna forma que no he sabido ver hasta ahora.

—¿Os acordáis de hace unos meses por la noche, cuando me fui con una chica a dar una vuelta por la ciudad después de contarle que me habían dejado tirado y que vosotros os fuerais del bar sin despediros para que no me pillase?

Carlos y Rodri asienten con la cabeza sin interrumpir.

—Vale, pues fue una noche alucinante. Ella era alucinante y conectamos enseguida.

—Pero dinos una cosa —me detiene Carlos—: ¿esa no es la chica que se piró de tu casa por la mañana sin decir nada?

Suspiro y asiento.

—Sí, y de la que no volví a saber hasta hace un par de semanas. Porque está en la clase que estoy impartiendo en la universidad haciendo la sustitución. Es alumna de la carrera. Mi alumna.

Carlos asiente lentamente con la cabeza, como si tratara de asimilar toda esta nueva información, mientras Rodri se lleva las manos a la boca y se pone de pie muy despacio antes de empezar a dar vueltas con mucha calma por la habitación. Esperaba unas cuantas carcajadas por su parte, pero parece que esté conteniéndose.

Pasan un par de minutos y la estampa sigue siendo la misma. Fran y yo observando a nuestros amigos con atención y esperando alguna reacción o comentario por su parte. Lo único que se oye es el toque de los dedos de Fran contra su botellín. Al cabo de un rato, miro a Rodri con una ceja levantada y, cuando me ve, dice:

—Me estoy aguantando, te lo juro.

—Aprecio el esfuerzo.

Resopla y pone los brazos en jarras antes de mirarme muy serio y declarar:

—Estás jodido.

—Sí, a esa conclusión había llegado solo.

—Cuéntanoslo todo, venga.

Les hablo de todos los encuentros que he tenido con Vera en los últimos días, de cómo me siento y el laberinto que tengo en la cabeza. Saco cada pensamiento y angustia que llevo dentro y me desahogo del todo con ellos. Una vez que termino de vaciarme y un suspiro acaba por hundirme los hombros, espero alguna burla o algún chiste, pero no llegan. Solo silencio mientras mis amigos, los que no sabían nada de esto, miran al techo o al suelo pensativos.

—Te gusta esa tía —dice Rodri rompiendo el silencio.

Se me escapa un resoplido mezclado con una risotada amarga.

—Sí, pero eso da igual.

—A ver, igual no da, porque, si no, no estarías así ahora.

—No, ya, pero... —Me paso la mano por el pelo. Es lo que lleva ocurriéndome con Vera desde que la conozco: no tengo ni idea de cómo explicar lo que siento—. Ya hemos hablado y hemos decidido que no va a volver a pasar nada. No estaría bien, sería inapropiado.

Joder. Estoy harto de esa idea y de que no pare de aparecer en mi cabeza cada vez que pienso en Vera.

—¿Y si te cambian de grupo? —propone Carlos, el que suele aportar más soluciones—. No tendrías que darle clase ni verla tan a menudo. Te quitarías esa carga de los hombros.

—Es una suplencia, no creo que se pueda —contesto con pesar. Era una opción que ya había contemplado, pero enseguida la descarté porque no era factible—. Además, me pedirían un motivo para solicitar ese cambio o tendría que rellenar algún documento justificándolo y, obviamente, no tengo ninguno más allá de haberme tirado a una alumna hace cuatro meses, lo cual tampoco puedo contarle al rector.

—Entonces, ¿vuestro plan, por así decirlo, es...?

—Piensa que por no hablar con ella y solo verla en las clases se le va a pasar el enchochamiento que tiene —interviene Fran por primera vez en toda la conversación—. Y estoy seguro de que eso es lo que ella cree también. Aunque debe de tener un lío en la cabeza parecido al tuyo, por lo que creí ver el otro día.

—¿Qué quieres decir? —le pregunto con el ceño fruncido.

—Cuando nos la cruzamos por la calle y te referiste a ella como «una de tus alumnas», no tuvo pinta de sentarle bien. Por cómo apretó la mandíbula y lo repitió con retintín, creo que no le gustó que dijeras eso.

—¿Puede que fueran celos? —pregunta Carlos.

—Vamos, que ella también está colgada por ti, pero, como eres su profesor, no podéis enrollaros —resume Rodri con bastante acierto. Quizá sea el más bruto de los cuatro hablando, pero también es el que dice las cosas más claras y sin pelos en la lengua—. Pues te digo una cosa: que no puedas tener algo solo te hace quererlo con más ganas. Así que, o cortas de raíz lo que sea que estés empezando a sentir por ella o...

No hace falta que termine la frase, sé a qué se refiere. Si no dejo de pensar en Vera de esta forma y me obligo a verla como una alumna más, voy a pasarlo mal. Tanto emocional como laboralmente.

Viernes, 14 de octubre, 23.15 horas

Después de que Vera abriera su alma delante de César y decidiera mostrarle esa parte tan oscura de su pasado, confiando en él como hacía tiempo que no le ocurría con nadie, él le propuso marcharse de la plaza Mayor, donde está la catedral de Santa María.

Regresaron a la moto y, tras merodear por las calles empedradas de Cuenca, salieron a la carretera. Vera no tenía ni idea de a dónde quería llevarla César, pero no le importaba. Ya se había dado cuenta de que el destino no importaba si el viaje implicaba hacerlo con él.

En ese momento, sintiendo el aire frío de la noche en la cara y clavando la vista en el cielo lleno de estrellas que se alzaba sobre ellos, la chica dejó la mente en blanco. Se aferró a la cintura de él y no tardó en notar su mano sobre la de ella, diciéndole sin palabras que estaba ahí y que todavía quedaba mucha noche por delante.

Vera sonrió. No sabía qué ocurriría cuando terminase la noche, pero en aquel instante se sintió libre, plena y dueña del universo que estaba descubriendo con él.

Capítulo 15

Vera

Pasar el fin de semana con mis chicas siempre es un buen plan. Siempre consiguen que me abstraiga de cualquier cosa que me preocupe a base de risas y burlas cariñosas. Comemos lo que nos apetece, vemos las mismas películas de siempre y nos reímos mucho entre nosotras y de nosotras. Son mi cargador vital.

Quizá por eso empiezo esta nueva semana con otra mentalidad, otro ánimo. Y para cuando llega el martes y sé que voy a ver a César de nuevo en clase, intento que no me afecte demasiado. Obviamente sé que esto que me ocurre con él no se me va a pasar de un día para otro, pero quiero pensar que poco a poco voy avanzando.

Sigo sentándome en la última fila del aula para evitar todo lo posible mirarlo y centrarme solo en escuchar sus explicaciones y tomar apuntes de lo que considere importante. Aun así, no puedo evitar levantar la cabeza de vez en cuando si escribe algo en la pizarra o por inercia. Todavía siento que el corazón se me acelera al verlo tan concentrado, con esas gafas que le dan un toque más serio, y tengo que regañarme por pensar en él de esa manera.

Ninguna de esas veces en que lo miro lo encuentro devolviéndome el gesto. Tal vez no haya coincidido, aunque me resulta extraño, ya que hasta ahora siempre había habido uno de los dos que se pasaba de tiempo y el otro acababa pillándolo. Era incómodo y hacía que se me acelerara el corazón, pero ahora que no ocurre, la situación se me hace rara.

Puede que él también haya decidido hacerme invisible a sus ojos.

Algo se encoge en mi pecho al pensar eso.

Era lo que quería, ¿no? Lo que acordamos aquel día en su despacho: no ser más que esto, profesor y alumna, y olvidar (o intentarlo) que entre nosotros ocurrió algo más. Actuar como si no nos conociéramos hasta que fuera verdad. Entonces..., ¿por qué hay una parte de mí que se siente molesta por su actitud? ¿Por qué tengo la sensación de que esto era lo que quería y, al mismo tiempo, no?

Me paso gran parte de la clase batallando en mi cabeza sobre todos los frentes que se han abierto a raíz de esa pregunta. Trato de apartarla de mi mente en varias ocasiones para atender a la clase, pero eso implica escucharlo a él y me lleva de vuelta a mis mil dudas sobre lo que siento ahora mismo y por qué. Me he metido en un bucle del que no tengo ni idea de cómo salir.

Al final, cuando apenas quedan unos diez minutos de clase, César pregunta si alguno de nosotros tiene dudas. Inconscientemente y guiada por un impulso que no sé explicar, levanto la mano. No soy la única, claro, hay otras tres personas con dudas. En realidad, no tengo ninguna pregunta, pero siempre puedo improvisar algo de los apuntes que he ido tomando a lo largo de la sesión.

«Estoy haciendo el ridículo», me digo con voz autocrítica,

pero me niego a bajar la mano. Necesito comprobar esto o no dejaré de darle vueltas durante días.

Como esperaba, César les da el turno de palabra a los demás alumnos antes que a mí y, una vez que ha resuelto sus dudas, echa un vistazo general, mirando al resto de la clase. Sus ojos verdes se clavan en mí un par de segundos de más, y desde aquí puedo ver que traga saliva.

Está tan tenso como yo por esta inminente interacción y prueba de que de verdad solo somos profesor y alumna.

Los apenas tres o cuatro segundos que transcurren se me hacen horas. Espero que me dé la palabra, pero, para mi sorpresa, desvía la mirada y sonríe con normalidad al resto de los alumnos antes de concluir:

—Eso es todo por hoy, chicos, gracias.

Mis compañeros empiezan a recoger sus cosas y salir de la clase mientras yo todavía sigo sin entender qué acaba de pasar.

César me ha ignorado. Me ha visto, me ha mirado y ha hecho como si no existiera.

El aula continúa vaciándose mientras él se entretiene en su escritorio acumulando papeles en una carpeta y metiéndolos en su bandolera. Está tenso, lo noto en su espalda. Puede que para los demás no haya ocurrido nada, pero los dos sabemos que sí ha pasado. Que esto ha marcado un punto de inflexión.

Cuando apenas quedan un par de personas por salir, me levanto por fin y me dispongo a recoger mis pertenencias sin preocuparme por el ruido que hago. Ya solo estamos nosotros dos. Bajo las escaleras del aula mirando hacia su mesa, pero él no se vuelve. Resulta más que evidente que está entreteniéndose adrede para no tener que cruzarse conmigo.

Como si no me conociera de nada.

Es lo que quería, sí, pero eso no quita que duela igual.

Me quedo parada detrás de él, al pie del escalón que separa la tarima de los pupitres, y él parece notar mi presencia a juzgar por lo quieto que está, a pesar de que no se gira hacia mí. Apenas hay un par de metros de distancia entre nosotros, pero se me antojan kilómetros.

Es la primera vez que lo siento tan lejos. Ni siquiera cuando no estábamos en contacto y no sabíamos si volveríamos a vernos alguna vez había tenido esta sensación de lejanía.

Aprieto con fuerza la correa de mi bolsa y me obligo a tragarme lo que sea que fuera a decirle. Salgo de la clase y de la facultad en dirección a mi coche con paso ligero y apretando la mandíbula. Una vez que estoy dentro, me obligo a no llorar.

No quiero. No pienso hacerlo. No por esto cuando fui yo la que lo decidió. No puedo dejar que me afecte que él haya aceptado lo que yo le pedí y lo que es correcto.

Parpadeo deprisa para disipar las lágrimas que se acumulaban en mis ojos y respiro hondo unas cuantas veces. Después cojo el móvil y abro el chat de WhatsApp de Las tres Marías, en el que estamos Silvia, Andrea y yo. Ni siquiera me lo pienso antes de escribir, y quizá me esté dejando llevar por un deseo infantil de demostrar que yo también sé pasar página, pero me da igual.

Yo: Chicas, el sábado se sale, se baila, se liga y se folla.

Sil: Uuuh... ¿Y este cambio?

Yo: Que me he cansado de ser tonta.

Andy: ¿Qué te ha hecho? ¿Te ha dicho algo? ¿Hay que darle una paliza?

Yo: No, pero, si él es capaz de ignorarme como lo ha hecho hoy en clase, yo soy perfectamente capaz de olvidarme de él. Y si eso pasa por tirarme a otro, pienso disfrutarlo pero bien.

Capítulo 16

César

En cuanto me quedo solo en el aula, mis hombros se destensan, pero un sentimiento de culpabilidad se instala en mí.

No había planeado esa reacción cuando la he visto levantar la mano, pero algo me ha pedido que ni se me ocurriera darle la palabra porque, dijera lo que dijese, me iba a destrozar. Tampoco he tenido el valor de darme la vuelta cuando he sentido que estaba parada a mi espalda, justo después de que el último alumno saliera del aula. Tenía el pulso tan acelerado y la boca tan seca que todo mi cuerpo se ha paralizado. Solo cuando he oído sus pasos alejarse y, después, la puerta del aula al cerrarse con fuerza, me he permitido hundir los hombros.

He sido un cobarde, lo sé, y ahora tengo la sensación de haber sido también un cabrón con ella cuando ni la he retenido al marcharse. Estábamos solos y podría haberme disculpado, pero no lo he hecho. ¿Qué habría cambiado? Nada, seguiríamos atrapados en este bucle y eso tiene que parar. De un modo u otro, tenemos que salir de aquí.

El jueves Vera no viene a clase y, aunque consigo no pensar en ella la mayor parte del tiempo por estar explicando y supervisando la lección práctica, sé que es por lo ocurrido el martes. Tengo sentimientos encontrados desde ese día.

Por una parte, creo que hice lo correcto, porque era posible que si la dejaba hablar se crease un ambiente extraño en el aula que habría hecho sospechar a más de uno y habríamos acabado teniendo problemas. Tuve claro que su intención no era preguntarme una simple duda sobre la lección, solo con ver la mirada desafiante que me estaba dirigiendo. Estaba enfadada por algo que no logro adivinar, así que, en ese sentido, obré bien.

Sin embargo, hay otra voz en mi cabeza que no para de repetirme que en realidad lo que hice fue empeorar las cosas, que debería haber hablado con ella al terminar la clase, haberlo aclarado todo, disculparme si hacía falta y punto. Y no tendría que vivir con esta angustia en el pecho, como si hubiera hecho algo malo, digno de un castigo grotesco.

Supongo que hasta el martes no tendré oportunidad de remediarlo y deshacerme de esta sensación que lleva dos noches quitándome el sueño. Al final, no sé cómo, pero siempre acabo pasando la noche en vela por ella. Siempre por ella.

—Por favor, quita la cara de acelga que tienes desde que hemos quedado, me vas a agriar la cerveza, y mira que eso es difícil —me espeta Fran cuando el sábado por la noche estamos tomándonos algo los cuatro en un bar del centro de Cuenca.

Tenía que ponerlos al día sobre el último episodio con Vera y esa sensación de mierda y mala persona que me persigue desde entonces. Además de que siempre consigo distraerme y animarme siempre que estoy con ellos. Apenas hace un par de minutos que he terminado de contárselo cuando Fran me ha dado el primer toque de atención de la noche.

—Cada vez te lo pone más difícil, tío —me compadece Carlos—. Parece que Fran tenía razón: si pasas de ella, se le comen los celos y se rebota.

—A ver —interviene Rodri—, es que... ¿cuántos años dijiste que tenía?, ¿veinte?

Asiento con la cabeza.

—Diecinueve, en realidad.

—Es probable que ella también esté hecha un lío y que por eso se comporte así —continúa Carlos.

—Es una mierda para ambos —comenta Fran—, pero no debería dejarse llevar por esos arrebatos como una cría. Eso solo llamará la atención y podría meteros en problemas a los dos.

—¿Qué coño hago? —pregunto frustrado—. Si hablo con ella, malo; si no, también. Esto es desesperante.

—Tú verás, tío, pero tienes dos opciones: o seguir ignorándola hasta que se acostumbre y a ti te dé igual todo lo que tenga que ver con ella, o...

—O vuelves a follar con ella, habláis de verdad y lo dejáis todo bien claro —termina Rodri.

—No iba a decir eso exactamente —lo reprende Fran fulminándolo con la mirada—, aunque coincido en que volver a hablar con ella sobre este tema no me parece tan mala opción. Esta vez tendría que ser una conversación más seria y distante para que os cale a ambos, es muy necesario.

Me paso las manos por la cara con desesperación.

La opción de Rodri no es una opción real porque todos sabemos que eso lo único que haría sería enredar más el asunto y bastante lo está ya. La primera alternativa es apretar la mandíbula, morderme la lengua y tragarme la sensación de estar siendo un cabrón con Vera, lo cual me parece más una tortura que una solución al problema, pero quizá Fran tenga razón y terminemos acostumbrándonos a esta indiferencia, aunque ahora me parezca un escenario de lo más lejano.

—Anda, da un trago, que para amarga ya está la cerveza —dice Carlos acercándome mi jarra.

Le hago caso y me bebo todo el contenido de una vez. Dejo la jarra encima de la mesa sin demasiado cuidado y, mientras mis amigos se centran en cambiar de tema para distraerme, yo en realidad me abstraigo mirando por la ventana.

Estamos en febrero y hace demasiado frío para ir por la calle de noche, pero, aun así, hay varios grupos de jóvenes que pasean con los abrigos cerrados hasta arriba, charlando entre sí muy animados. Algunos van más arreglados que otros, seguramente los que vayan a salir de fiesta hoy, pero todos celebrando que es fin de semana.

Es entonces cuando un grupo de tres chicas me llama la atención. Bueno, más bien, una de las tres chicas. Una de melena castaña recogida en una trenza larga, con los labios pintados de rojo y unas botas militares negras hasta la mitad de la espinilla. Lleva un abrigo oscuro largo y va agarrada a sus acompañantes. Se ríe mientras hablan y le brillan los ojos.

Siento un latido más audible que los demás al reconocerla.

Joder. Qué guapa está.

Seguro que Vera también ha decidido salir con sus amigas para dejar de pensar y distraerse un rato. Este también era mi plan hasta que la he visto a ella y todo pensamiento coherente ha desaparecido de mi mente. Quizá por eso no lo pienso demasiado antes de interrumpir a Fran y preguntarles:

—¿Os apetece ir a Rumors?

Rumors es probablemente la única discoteca que queda abierta en toda Cuenca, y estoy bastante seguro de que es allí a donde se dirigen Vera y sus amigas. Los míos, en cambio, me miran en silencio con ojos extrañados. Es Carlos el primero en hablar, dedicándome una ceja alzada con escepticismo.

—¿Y a ti?

—¿Por qué no? —Me encojo de hombros, procurando parecer indiferente, disimulando que en realidad estoy ansioso por ver a dónde va Vera y por volver a tener esa visión de ella feliz y desinhibida, como la conocí aquella primera noche—. Puede ser interesante.

—¡Toma ya! —exclama Rodri dando una palmada de triunfo en el aire y poniéndose de pie—. Esta noche follas, ya verás, y se te va a olvidar la alumna de un plumazo.

Bueno, tanto como olvidarme de ella, más bien parece que esté metiéndome en la boca del lobo, aunque ahora mismo eso me da igual. Será la cerveza o el hecho de querer verla otra vez, pero no voy a escuchar a la voz que me dice que esto no está bien. No. Prefiero centrarme en la que no para de repetir que ella no es el laberinto que me enreda la mente, sino lo que se encuentra al otro lado de la salida. Y que necesito llegar allí cuanto antes.

Viernes, 14 de octubre, 23.52 horas

Cerca de veinte minutos más tarde, César detuvo de nuevo la moto y, una vez que hubieron desmontado, entrelazó los dedos de Vera con los suyos por inercia, como si se buscasen entre ellos, para guiarla por una escalinata empedrada desde la que se oía el murmullo del agua. Ella no tardó en adivinar que se encontraban al lado del río Júcar, el mismo que atravesaba la ciudad.

La luz de las farolas a ambos lados del río, junto con la iluminación en la lejanía, más cercana al casco antiguo, le otorgaban un toque mágico que hizo sonreír a Vera. Siguió a César por el puente que cruzaba el río y ambos se encaminaron con parsimonia hacia la pasarela de madera que recorría el cauce del río. Al otro lado, las rocas llenas de hierba y musgo los envolvieron completamente, como si se hubieran colado en un cuento de hadas, pensó Vera.

—Esto es increíble —susurró ella, observando a su alrededor maravillada—. No se oye nada más que el agua y las hojas moviéndose por el viento. Da la sensación de que estemos perdidos en medio de la naturaleza, lejos de la civilización.

—Probablemente otro de mis rincones favoritos de la ciudad —le confesó César.

Vera lo miró y su sonrisa se ensanchó.

—No me extraña. Se respira paz.

—Me gusta venir a correr de vez en cuando. O solo a dar un paseo. Este entorno te ayuda a desconectar de todo.

Vera no lo dijo en voz alta, pero pensó que él tenía toda la razón. Solo el hecho de estar ahí y clavar la mirada en el agua verde del río, las casas de colores iluminadas al otro lado, el cielo lleno de estrellas... consiguieron que su ansiedad de hacía una hora se disipase por completo.

Caminaron durante varios minutos junto al río mientras César le hablaba de todas las veces que había ido a andar por aquella pasarela y le contaba algunas anécdotas curiosas..., como la vez que se encontró con una pareja de recién casados haciéndose una sesión de fotos al atardecer o aquella mañana que tuvo que sujetar a un chico que llevaba alguna copa de más para que no se cayera al río en pleno invierno.

Vera lo escuchaba con atención, pero más que sus palabras le fascinaba su forma de hablar, lo natural que sonaba en todo momento y la facilidad que tenía para disipar cualquier pensamiento negativo que hubiera en ella. Una sensación que le caldeó el pecho y la hizo temblar al mismo tiempo.

—Mira.

César volvió a cogerle la mano y aceleró el ritmo hasta llegar a una farola metida entre las rocas. Era fácil acceder a ella, pero a César siempre le había resultado un rincón con un encanto especial. No en vano había plasmado ese lugar varias veces en sus cuadernos de dibujo, a menudo con una luz diferente, pero siempre tratando de reflejar la magia que le transmitía.

—Te va a parecer una chorrada —empezó a contarle a Vera entre nervioso y entusiasmado; sentía la necesidad de compartir aquello con ella y también la seguridad de que no le parecería una tontería en realidad—, pero, si te pones aquí —la colocó de espaldas al río y las casas, con la única visión de la farola casi enterrada en la piedra—, ¿no tienes la sensación de estar a punto de entrar en un mundo de fantasía, lleno de magia y misterios?

Vera observó el punto que él le había señalado antes de apartarse y se concentró en dejar la mente en blanco y solo escuchar el murmullo del río al correr mezclado con las hojas de los árboles y el quejido de la madera. Ver la luz titilar le trajo un recuerdo de su infancia que la hizo sonreír.

—Me recuerda a la entrada a Narnia.

César se situó junto a ella y miró el mismo punto. Ciertamente era muy similar al momento en que Lucy Pevensie salía del armario y aterrizaba en el mundo de Narnia. Él también sonrió ante ese recuerdo.

—Sí, solo falta la nieve.

Vera apartó la mirada y la clavó en él, quien, a su vez, no pudo evitar devolvérsela.

—¿Quieres que te enseñe otro secreto?

Los ojos miel de Vera brillaron por la expectación mientras asentía con la cabeza. Deseaba conocer cada rincón del universo que él le estaba mostrando.

César avanzó hacia la farola y Vera lo siguió, curiosa. Separando la maleza que había cubierto las rocas, César le señaló un punto en concreto donde parecía haber una letra grabada.

Era una «C» un tanto irregular, pero podía leerse con claridad.

Vera se giró hacia él y sonrió divertida de medio lado.

—¿Ahora resulta que eres un vándalo? ¿Grabaste tu inicial aquí reclamando este rincón como tuyo?

César le devolvió la sonrisa con picardía.

—Lo creas o no, no lo hice yo. Llevaba tiempo pasando por aquí, pero hasta que no me paré la primera vez a mirar la farola, una madrugada que no podía dormir, no me fijé en que esa curva estaba ahí. Creo que ni siquiera la hizo alguien, que la roca se formó así. Desde entonces ha sido mi punto de inspiración. Ya te he dicho que era una tontería.

Esa vez Vera lo observó sin ningún tipo de burla.

—A mí no me lo parece —contestó con convicción—. ¿Crees que era el destino que encontrases este rincón? ¿Pronoia?

—No lo sé —susurró César. Hasta ese momento no había asociado las conspiraciones del universo con que él se sintiera tan atraído por ese sitio, pero no le resultaba tan descabellado—, pero sí que siento algo místico hacia este lugar. Será la naturaleza o la calma que transmite, pero me gusta pensar que en una pequeña parte me pertenece.

Vera no dijo nada, pero entendió lo que había querido decir.

Estamos hechos de pequeños rincones, tanto físicos como emocionales. Los lugares que visitamos y las personas que conocemos forman parte de nosotros, como piezas que van encajando con el paso de los años. Todo lo que vivimos y todas las personas que pasan por nuestro camino forman parte del puzle.

Para César, esa farola y esa roca eran una pieza más. Una nueva que Vera acababa de descubrir y que le hacía sentir más curiosidad por la imagen final.

—Pues... —dijo la chica cuando recuperó la voz— tú no serás un delincuente, pero a mí nunca se me ha dado bien seguir las reglas y ser una niña buena. Así que...

No continuó la frase, simplemente sacó las llaves de casa de la chaqueta y se inclinó de nuevo para dibujar una «V» junto a la inicial de él. Cuando se volvió hacia César, él estaba sonriendo sin apartar la mirada de ambas letras. La «V» era más grande y no era tan regular como la «C» después de todo el tiempo que llevaría ahí tallada, pero ver ambas iniciales juntas le hizo sentir algo cálido en el pecho.

—Ahora también es tuyo —susurró.

—Cada vez compartimos más cosas. Gracias por enseñarme este rincón. No solo de Cuenca, también de ti.

César la miró en silencio. Se había dado cuenta de la cercanía entre ellos en aquel minúsculo espacio escondido del resto del paseo, pero no fue hasta ese momento que sus ganas de besarla se hicieron más grandes.

Vera lo observaba sin pestañear, casi retándolo a dar ese paso. Y él, aunque no se lo hubiera dicho, tampoco era muy complaciente. Si lo retaban, no se achantaba.

Por eso, cuando se inclinó hacia Vera y ella lo imitó, sintió cierta satisfacción y un latido más acelerado que el resto. En cuanto sus labios se unieron, fue inevitable que sus cuerpos se acercasen, buscando el calor en la piel del otro. César subió la mano hasta la nuca de Vera y ella se agarró a la parte más baja de su chaqueta para asegurarse de que no se apartaba antes de que ella quisiera.

Tanto él como ella se empaparon del otro. El olor a melocotón de Vera invadió la mente de César por completo, mientras que el sabor dulce de él se clavó totalmente en la memoria de ella.

Los dedos cálidos del chico acariciaron su piel suave como si tratara de recordar cada centímetro de su mejilla, lo que provocó un escalofrío en Vera. Aunque aquello no hizo que sus bocas se separasen. A esas alturas ambos dudaban que cualquier cosa pudiera alejarlos.

Ambos supieron, incluso antes de que aquel beso terminase, que acababan de abrir una puerta que quizá ya no serían capaces de volver a cerrar.

Capítulo 17

Vera

—A ver, ¿qué estamos buscando? —me pregunta Silvia después de pedir nuestra primera copa en la discoteca, aunque en realidad casi podría considerarla la segunda, ya que lo primero que ha hecho mi amiga cuando ha llamado la atención del camarero ha sido pedir una ronda de chupitos de tequila que ha provocado que me ardiera el pecho y la garganta—. Hagamos un barrido.

Seguimos apalancadas en la barra, pero, en cuanto nos animemos un poco, nos meteremos de lleno en la pista. Sé que dije que quería a alguien que me sacase a César de la cabeza, incluso si eso pasaba por tener que meterlo en mi cama, pero sobre todo he venido a bailar y a pasármelo bien con mis amigas, mi chute de energía particular.

—Moreno, rubio, cachas, sin demasiados globos en los bíceps... Tú pide por esa boquita, que hoy parece que se hayan juntado todos los buenorros de Cuenca para que tengas dónde elegir.

Doy un sorbo a mi ginebra y echo un vistazo en derredor. Es verdad que el panorama pinta bien y hay bastantes chicos de muy buen ver esta noche que, en cualquier otro momento, me habrían llamado la atención, pero la verdad es que ahora mismo no siento que quiera acercarme a ninguno de ellos.

—Con que no sea un cretino o un chulo, me vale —termino por responder sin mucha convicción.

—¿Qué pasa? —me pregunta Andrea la primera, después de notar mi tono más bien pasivo.

—¿Te has desinflado? —la sigue Silvia—. Si solo quieres que nos peguemos una fiesta sin buscar tíos, no pasa nada. Sabes que nos lo montamos muy bien solas.

—No es eso. Es que tengo la sensación de estar comportándome como una despechada. —Ambas me miran con el ceño fruncido y yo suspiro antes de continuar—: Tras su desprecio del otro día, me cabreé mucho, pero después me sentí como una cría, celosa porque no le prestan atención, y lo odié. Y venir aquí ahora a buscar un tío que me dé un meneo, como si eso fuera a servir para olvidarme de todo lo que tiene que ver con él, cuando en realidad creo que lo único que voy a conseguir es sentirme como el culo y con ganas de darme diez duchas de agua hirviendo después..., me parece de despechada, la verdad. No tiene otra palabra.

Silvia y Andrea intercambian una mirada y después se acercan para dejar sus copas en la barra. Se colocan cada una a uno de mis lados, como protegiéndome.

—Mira —empieza a hablar Andrea, la más suave de las dos—, es normal que tengas sentimientos tan dispares. Lo que viviste con él fue muy intenso y ahora tienes que reducirlo a nada y convencerte de que sentir cualquier cosa está mal. Seguramente él también tenga esos líos en la cabeza. Estáis en una situación muy difícil y la tensión solo aumenta cuantas más vueltas le das.

—Ya lo sé, pero no sé qué hacer para pararlo.

—Es que quizá no tienes que hacer nada —responde Silvia—, solo dejar pasar el tiempo y darte espacio para sentir todas esas cosas, buenas o malas, contradictorias o no. De esa manera quizá puedas ordenar todos tus pensamientos y verlos con otra luz.

Me sorprende que sea Silvia la que me dé ese consejo, pero lo cierto es que agradezco que ambas me entiendan. Nunca han estado en una situación parecida, pero me comprenden y lo que más les preocupa es que yo esté bien. Me alegro de tenerlas como amigas.

Les dedico una pequeña sonrisa a modo de agradecimiento y, mientras Andrea me rodea la cintura para abrazarme, Silvia me coge de la cabeza y deja un beso en mi coronilla.

—Hoy no hay tíos, ¿vale? —dice esta última cuando nos separamos—. Solo estamos nosotras, las de siempre, bebiendo y haciendo el gilipollas. Esta noche se acabó pensar en él y en cualquier otro. Mañana ya veremos. Por ahora, pasito a pasito.

—Suave suavecito —añade Andrea para destensar, y consigue arrancarnos un par de risotadas.

Sonrío y asiento con la cabeza. Después me lanzo hacia ellas y soy yo la que las abraza con fuerza. Qué suerte tengo de tenerlas.

—Venga, anda. De un trago —nos incita Silvia animándonos a coger nuestras copas de nuevo— y a bailar. Que, como se nos pase *Despechá*, no os lo perdonaré. Hoy te viene que ni pintada.

Le doy un manotazo en el brazo de manera cariñosa por la broma, pero no puedo contener la risa. Vaciamos nuestros vasos y nos lanzamos al centro de la pista. Silvia no se equivocaba, solo pasan un par de canciones antes de que pongan a su adorada Rosalía y las tres nos riamos como niñas mientras intentamos seguirla en la coreografía que tan popular se hizo en TikTok. Cuando Andrea y yo nos perdemos, simplemente nos limitamos a hacer el tonto en nuestro corrillo.

Durante gran parte de la noche brincamos, saltamos, cantamos a gritos y disfrutamos como enanas. En realidad no me hacía falta pasar la noche con un tío, solo necesitaba estar con mis amigas, dejar de reflexionar y vivir cada momento sin pensar en lo que vendrá después. Tal vez no pueda borrar a César de mi cabeza en un instante, pero sí durante unas cuantas horas.

O quizá no.

No es hasta que termina *La bachata*, de Manuel Turizo, cuando Andrea me suelta las manos después de intentar enseñarme en vano los pasos básicos de ese baile, y lo noto. Estoy parada en medio de la pista, me he quedado paralizada cuando mis ojos se han encontrado con el verde de los suyos, clavados en mí desde la barra.

César está sentado en un taburete, de cara a donde me encuentro y con la mirada llena de algo oscuro que no sé identificar y que al mismo tiempo me resulta muy familiar. No la aparta cuando se da cuenta de que he notado su presencia y su escrutinio. Ni siquiera pestañea, solo me observa fijamente.

Se me eriza toda la piel al instante y se me seca la garganta. ¿Qué intenta? ¿A qué juega? Primero me ignora en clase hasta llegar al punto de ni mirarme y ahora parece un león a punto de saltar encima de una gacela. No lo entiendo. A lo mejor Andrea tiene razón y él está tan hecho un lío como yo.

La música cambia de estilo y empieza a sonar *Sí o no*, de K!ngdom, una canción mucho más movida y con un ritmo ochentero, pero que no puede parecer más idónea para nosotros.

Como si estuviera obedeciendo órdenes a lo que dice la letra de acercarse lentamente, César da un trago largo a la copa que tenía en la mano y, al terminarla, la deposita sobre la barra a su espalda, sin dejar de mirarme en ningún instante. Después se levanta y camina hacia mí, camuflándose a ojos de cualquiera menos de los míos. El corazón se me acelera a cada paso que da, pero no puedo moverme ni pensar con claridad. Cuando se trata de él, nunca he sido capaz.

Quizá sí que estemos los dos bajo algún tipo de hechizo, porque tampoco me siento capaz de apartar la mirada de él. Una parte de mí sabe que debería irme, alejarme y huir de lo que sea que quiera decirme en este momento, porque esto que estoy sintiendo es todo lo contrario a lo que dijimos que debíamos compartir. Sin embargo, hay otra parte que ha clavado estacas en mis pies y es la que me obliga a permanecer inmóvil hasta que él se detiene justo frente a mí..., a tan poca distancia que puedo oler perfectamente su colonia One Million.

La música sigue sonando a nuestro alrededor y la gente continúa bailando sin reparar en nosotros. Mis amigas deben de haber acabado perdidas entre la marabunta, porque estoy segura de que, si me vieran ahora mismo, tirarían de mí y me alejarían de César aunque fuera a rastras.

Y tal vez eso sería lo más correcto ahora mismo, pero acabo de darme cuenta de que no es lo que quiero.

Nada de esto tiene sentido. Lo sé. Y no me importa. Porque lo único que quiero es que César no deje de mirarme como lo está haciendo. Quiero volver a esa noche, en la que nos conocimos a tantos niveles y nos descubrimos el uno al otro, apartando cada capa.

A antes de ser la cobarde que soy... y volver a huir de él y lo que me hace sentir.

Capítulo 18

César

He dejado de pensar, de eso no hay ninguna duda.

Porque, si todavía pensara con claridad, me diría a mí mismo que qué estoy haciendo, persiguiendo a una alumna y mirándola como llevo un rato mirándola sin que ella se dé cuenta..., como si fuera un lobo y ella, la oveja que quiere comerse. Y no cualquier alumna, sino una con la que ya he tenido más que palabras sobre trabajos de la universidad, una que no sale de mi cabeza de ninguna de las maneras; una que me tiene loco desde la noche en que la conocí.

He dejado de pensar y estoy siguiendo lo que me pide el corazón, lo que siento que necesito para estar bien. Vera. Y todo lo que gira alrededor de ella.

Nos hemos apalancado los cuatro juntos en la barra y, mientras Rodri intenta ligar con unas chicas que hay cerca, claramente sin ninguna posibilidad de éxito a juzgar por cómo intentan despacharlo, Carlos trata de llamar la atención del camarero para poder pedir la primera copa y Fran se sitúa a mi lado, dándome una palmada en el hombro para animarme y distraerme.

—¿Cómo es que te ha dado por venir aquí? —me pregunta acercándose a mi oreja para hablar por encima del volumen de *La bachata*, de Manuel Turizo.

—Seguro que la música suena más alta que sus pensamientos sobre la alumna —se burla Carlos de mí todavía de espaldas a nosotros—. Así los puede acallar durante un rato.

—No estoy pensando en Vera —digo sin mirarlos, y no miento. No es que esté pensando en ella, porque lo cierto es que mis ojos no han podido apartarse de su figura y ya no ocupa solo mis pensamientos, sino también todo mi campo de visión.

En realidad, lo que estoy pensando —y lo que hace que el pantalón me apriete más que cuando hemos entrado en el local— es en lo bien que le quedan esos pantalones de cuero negros y el *top* de encaje a juego. Y lo guapa que está riéndose y bailando con sus amigas. Desde aquella noche de octubre no la veía sonreír de este modo, tan viva.

Sé que no debería ser así, pero verla comportarse tan libre y siendo ella misma me hace querer acercarme de nuevo a ella, como aquella noche en el bar, cuando su presencia atrapó toda mi atención y no la ha soltado desde entonces.

Carlos se gira para tendernos un par de copas a Fran y a mí antes de coger la suya, y yo le doy un par de tragos largos a mi vodka sin perderla de vista.

—Qué concentrado pareces. ¿Es que le has echado el ojo a alguien ya? —me pregunta Rodri, uniéndose a nosotros de nuevo porque seguramente las chicas le habrán dado calabazas—. ¿Vamos a hacer terapia de choque?

Rodri se inclina hasta juntar su cara casi con la mía para ver hacia dónde estoy mirando. Cuando la localiza, suelta un silbidito de aprobación.

—Joder, apuntas alto, ¿eh? Si te gusta, vamos a por ella, a ver si con suerte alguna de sus amigas se fija en mí.

Hasta ahora, el único que sabe quién es Vera es Fran; si Rodri supiera que a quien ha dado su aprobado ha sido a ella, me sacaría de la discoteca arrastrándome de la oreja y murmurando que no tengo remedio.

Mientras mis amigos discuten sobre qué estoy haciendo, yo doy un nuevo trago a mi copa todavía mirando a Vera, que ha soltado las manos de una de sus amigas y recupera el aliento en medio de la pista.

—¿Por esto hemos venido? —pregunta Fran en general, aunque yo sé que me lo está diciendo a mí y en realidad se trata de un reproche camuflado que decido ignorar.

—Bueno, si eso consigue que se anime un poco... —me alienta Carlos con un encogimiento de hombros.

—César... —La voz de advertencia de Fran me distrae, e inconscientemente lo miro de reojo—. Piensa bien lo que vas a hacer.

—Coño, Fran, que solo va a echar un polvo —lo reprende Rodri mientras yo vuelvo a mirar a Vera, y a los pocos segundos su mirada también se clava en mí y en mi pecho, pero ellos no se dan cuenta—. Quizá así se le olvide ese enchochamiento que tiene con la alumna.

—Es que esa es la alumna.

No me quedo a escuchar más. Me acabo la copa de golpe y, tras dejarla sobre la barra, me levanto, paso entre ellos, ignorándolos, y camino hacia ella.

Ninguno de los dos rompe la conexión en ningún momento. Apenas parpadeo porque me da miedo que, si lo hago, el hechizo se desvanezca y ella no esté aquí de verdad. Ni siquiera dejamos de mirarnos cuando estoy justo delante de ella, tan cerca que casi tengo que bizquear.

El olor a melocotón de su perfume me inunda las fosas nasales como la noche del 14 de octubre, cuando la llevé a la pasarela de madera, cuando la tuve tan cerca que no pude resistirme a besarla por primera vez. Las mismas ganas irrefrenables de hacerlo empiezan a nacer en mi interior ahora mismo.

Me gustaría decirle tantas cosas... Que me da igual que sea mi alumna y yo su profesor, aunque eso está mal y no debería darme igual. Que quiero compartir más cosas con ella, hasta si se trata de cosas feas y dolorosas como la que me contó aquella noche. Que no aguanto más sin besarla igual que hicimos frente a la puerta de Narnia.

Que quiero saber más de ella. Ser más con ella.

Suena *Sí o no*, hablando de obsesión y solo tontear.

—Vera... —Apenas es un susurro y sé que con la música no debe de haberme oído, pero, por la manera en que ha entreabierto los labios, sé que ha entendido su nombre en los míos.

Me está mirando la boca y yo no puedo evitar desviar los ojos a la suya también. Es la primera vez que veo sus labios pintados de rojo y solo puedo pensar en las ganas que tengo de probarlos de nuevo para comprobar si saben diferente.

Ni siquiera sé por dónde empezar a decirle que quiero mandarlo todo a la mierda por ella. Que me importa más lo que sea que esté sintiendo y lo que llevo sintiendo desde que la conocí que cualquier otra cosa. Que no soy capaz de mantenerme alejado de ella. Que me acepte.

Tampoco sé si aceptará este sentimiento, por ese miedo que la controló a la mañana siguiente de conocernos y cada vez que hablamos de lo que podríamos ser. Yo también tengo miedo a salir herido y que todo esto acabe con nosotros, pero no puedo quedarme toda la vida con la duda de qué habría pasado si nos hubiéramos atrevido y permitido sentir.

Quizá por eso lo único que se me ocurre decir, casi suplicarle, es:

—Vámonos de aquí.

La canción termina y, joder, esa última pregunta —«si quieres estar conmigo sí o no»— no puede ser más apropiada. Esa cuestión se queda flotando en el aire entre ambos, aunque empiece a sonar otra canción que no reconozco y que no me molesto en identificar.

Quiero estar con ella. Solo queda que ella decida si también siente lo mismo y si está dispuesta a arriesgarse por nosotros.

Vera me mira unos segundos que se me hacen eternos. Tengo el corazón desbocado y la cabeza hecha un lío, pero no pienso retirar mi declaración. Sabía que no habría vuelta atrás una vez que me plantase, pero no me arrepiento de estar aquí ahora, frente a ella, abriéndole mi alma de nuevo.

Ella parece esperar que lo haga y, cuando se da cuenta de que no va a ocurrir, un brillo que me da esperanza atraviesa sus ojos durante una milésima de segundo y sus dedos se enredan con decisión en los míos.

Sábado, 15 de octubre, 00.29 horas

Hacía un rato que Vera había tenido que echarse las manos a los brazos a causa del frío sin decir nada, ya que no quería interrumpir aquel instante que estaba viviendo con César en un sitio tan especial para él. En cualquier otro momento y con cualquier otra persona, seguramente habría propuesto ir a un espacio cerrado donde poder entrar en calor. Sin embargo, en aquel lugar místico con César, no quiso romper el hechizo ni la atmósfera que había creado ese beso ardiente y mágico al mismo tiempo.

Continuaron paseando sin prisa junto al río unos cuantos minutos más mientras él le hablaba con entusiasmo de cuando era niño y sus padres lo llevaban a hacer la ruta de la hoz del Júcar por esa zona. Vera lo escuchaba con atención y fascinación; se sentía hipnotizada por la voz de César y esas pequeñas arrugas que se formaban en las comisuras de sus labios cuando sonreía. Tanto que no pudo evitar detener el paseo y tirar del brazo de él para que se volviera hacia ella y besarlo de nuevo.

Vera era una persona de impulsos, eso César lo había tenido claro prácticamente desde el principio y era una faceta que le encantaba de ella. Se moría por descubrir hasta qué niveles llegaba esa energía que a menudo parecía no poder controlar.

Al principio el gesto cogió a César por sorpresa, pero un segundo después una sonrisa complacida apareció en su rostro. Cerró los ojos y subió la mano hasta la mejilla de Vera para acariciarla mientras ambos se saboreaban.

—Si querías que dejara de parlotear, solo tenías que decírmelo. Aunque admito que prefiero esta clase de interrupciones —bromeó unos segundos después, todavía con sus alientos entremezclados.

Vera sonrió y se mordió el labio inferior. No estaba segura de qué le estaba pasando con César, pero no quiso ahondar demasiado en ese pensamiento; prefería centrarse en conocerlo a él y en la persona que era cuando lo tenía cerca.

—En realidad me estaba gustando tanto que me hablaras de tu infancia que no he podido resistirme. —No estaba segura de si debía confesarle la atracción que sentía hacia él, y no únicamente física. En todo caso, ni siquiera ella misma sabía explicarlo, así que optó por dejar esos sentimientos a un lado por el momento y continuar con el ambiente distendido e íntimo que habían compartido hasta entonces—. Eso y que abrazarte me da calorcito y llevo un rato tiritando —añadió con una pequeña risita divertida.

César abrió los ojos de golpe y la miró con arrepentimiento.

—Joder, perdona, y yo aquí hablando sin más.

—No pasa nada —lo tranquilizó Vera al verlo tan avergonzado—. Me está gustando mucho la noche y me encanta escucharte, de verdad, pero no me importaría ir a algún sitio cerrado con manta o calefacción. O que no esté al lado de un río casi a la una de la madrugada una noche de otoño —bromeó riéndose.

César se tomó la libertad de abrazarla y frotar su espalda y sus brazos con las manos para que entrara en calor. Al menos así dispondría de unos minutos más para pensar qué opciones tenían en aquel momento, porque no se le había ocurrido ninguna parada más después de la pasarela de madera.

Seguramente hubiera muchos más lugares increíbles que descubrir con Vera esa noche, pero lo único que se le ocurrió decir fue:

—Podríamos ir a mi casa.

Un silencio cargado de una tensión indescriptible se impuso entre ellos. Vera había enterrado la cara en el pecho de César para calentarse la nariz y las mejillas, a esas alturas enrojecidas por el frío, y él no tenía ni idea de qué reacción habría tenido la propuesta en ella.

Apenas transcurrieron diez segundos, pero para el chico fueron horas eternas en las que se le aceleró tanto el pulso que fue imposible que Vera lo pasara por alto. Estaba nervioso y, aunque no lo demostrara, ella también. Ambos podían oír sus latidos retumbando en sus propios oídos a causa del silencio que solo rompía el flujo del agua a su lado.

Había sido una noche peculiar y fuera de lo común para ambos. Especial y mágica. Algo que ninguno de los dos había esperado al encontrarse en aquel bar. No podía terminar separando sus caminos en ese momento. No sería el final correcto y tanto Vera como César lo sabían. Habían compartido demasiadas cosas a esas alturas como para simplemente despedirse ahí.

—Si tú quieres, claro —aclaró César al cabo de unos segundos, ya que el silencio amenazaba con tragarse sus nervios.

Vera levantó la cabeza y miró a César tan cerca que se le secó la boca.

Sabía que era guapo, pero en aquel instante le pareció que

esa palabra se quedaba corta para describirlo, porque no solo tenía una cara bonita, también era simpático, digno de confianza. No en vano le había confesado cosas que muy pocas personas en su vida conocían. Le había enseñado un universo que, antes de esa noche, ni siquiera imaginaba.

Y eso para Vera fue suficiente.

—Sí, sí que quiero.

Capítulo 19

Vera

El frío de la calle me golpea en la cara con fuerza, pero me es indiferente. Lo único que puedo pensar es en lo bien que encaja mi mano en la de César y en lo segura que me he sentido cuando ha apretado mis dedos con los suyos y ha tirado de mí hacia la salida de la discoteca. Quizá no debería sentirme así ahora, pero no me importa, ya me da igual todo.

Había olvidado lo que era sentirme protegida por él, por su presencia y su contacto. No es algo que haga de forma consciente, es simplemente parte de él. Es una de las facetas que me mostró aquella primera noche con pequeños gestos que me arroparon y consiguieron clavarse en mi pecho y mi cabeza. Todo el estrés y el agobio de la situación en la que nos encontramos habían conseguido eclipsar esta sensación tan agradable en mí, el sentirme invencible. Ahora, tocándolo otra vez y sintiéndolo cerca de nuevo, ha revivido con más determinación.

—Espera —lo detengo clavándome en el suelo en medio de la calle, después de alejarnos unos cuantos metros del local.

César se vuelve hacia mí y algo en su mirada me indica que teme que me arrepienta y le pida que me suelte, que le diga que quiero volver dentro y que esto no puede pasar. No lo hago. No sé si es por el subidón y la adrenalina del momento o que es cierto que he llegado al punto en el que todo me da igual excepto él, pero de verdad siento que esto es lo que quiero hacer ahora: estar con él.

—¿Estás bien? —me pregunta con preocupación sin soltar mi mano.

—Sí, sí —lo tranquilizo como puedo—, pero tengo que mandar un mensaje a mis amigas antes de irnos, no quiero que se preocupen si no me encuentran ahí dentro.

Él asiente con la cabeza, con cierto alivio en los ojos, y me suelta. Y a mí me entra frío de repente. Solo me ha sujetado durante unos pocos minutos y ya siento que necesito ese contacto con él para que el suelo bajo mis pies no se tambalee.

Me trago ese vacío y saco el móvil de la chaqueta. Abro el chat de Las tres Marías y tecleo con rapidez. Enseguida obtengo respuesta.

Yo: Chicas, me he ido de la discoteca.
Mañana os cuento con calma.

Sil: ¿¿No me jodas que al final has ligado??

Yo: Algo así. Estoy con César.
Mañana hablamos.

Cierro la aplicación y pongo el móvil en silencio antes de guardarlo de nuevo en el bolsillo de mi chaqueta.

Sé que están a punto de bombardearme a mensajes y preguntas, pero no voy a detenerme a contestar más. Ya las pondré al día de lo que ocurra de ahora en adelante, porque lo cierto es que tampoco tengo idea de lo que vamos a hacer. De lo que voy a hacer. He seguido un impulso al cogerle la mano cuando me ha pedido que nos fuéramos del local, porque mi corazón me pedía agarrar esa cuerda que me tendía y escaparme con él. Ahora solo me queda descubrir a dónde nos lleva este impulso.

Cuando miro a César, él me observa con las manos en los bolsillos de su pantalón y a mí se me vuelve a acelerar el corazón. Él también debe de tener un millón de pensamientos atacándolo sobre si esto está bien o no, pero lo único que yo puedo oír en mi cabeza es que esto es lo que quiero en este momento. Lo que necesito.

—Y, ahora, ¿qué? —pregunto casi en un susurro aterrado, porque no hay nada que me dé más miedo que no saber, y con él me siento en una cuerda floja constante. Me da seguridad saber que él está conmigo, sí, pero al mismo tiempo siento que todo mi ser pende de un hilo muy fino.

César no dice nada, creo que tampoco sabe cómo afrontar esto que hemos hecho, esta huida repentina. Casi una declaración de intenciones. Como si estuviéramos desafiando algo o a alguien. Esto ya no es pronoia, esto ya somos nosotros rebelándonos contra cualquier fuerza del universo.

Casi puedo ver los engranajes moviéndose dentro de su cabeza cuando se muerde el labio inferior de esa forma que me eriza la piel. Cierro los ojos un instante, con la intención de asentar mis latidos, pero lo único que me nace es deshacerme de esos tres pasos que me separan de él, plantarme justo delante y ponerme de puntillas para besarlo.

Se acabó el contenerme, se acabó regañarme por desear esto. Por desearlo a él.

Cuando sus labios tocan los míos, es como volver a respirar por fin. Como si algo hubiera estado aplastándome el pecho hasta este instante. Cierro los ojos y apoyo una mano en su nuca mientras él rodea mi cintura y me pega completamente a su cuerpo. Ese calor que me transmitió la primera noche sigue ahí, envolviéndome. Solo se había escondido hasta que hemos podido avivarlo de nuevo. No quiero desprenderme de él otra vez.

César separa nuestras bocas al cabo de unos segundos que me saben a poco y apoya su frente en la mía. Ambos respiramos con dificultad. Él continúa con los ojos cerrados, pero yo no he querido perderme su expresión, esa que tiene ahora, tan llena de paz y alivio. Como si hubiera encontrado un refugio en mí. El mismo que encontré yo con él la primera noche que pasamos juntos.

—Dame otras catorce horas —susurra sobre mi boca, erizándome todo el cuerpo por la súplica que vislumbro en su voz—. Por favor. Quiero seguir descubriendo el universo contigo.

Mi corazón salta dentro de mi pecho.

Llevo semanas repitiéndome que esto no está bien, que sentir lo que siento cuando pienso en él no es correcto y que debería alejarme todo lo posible, aunque sé muy en el fondo que en realidad no puedo estar lejos de él; que necesito tenerlo cerca a todos los niveles y, ahora que sé que él también se siente así, hay algo en mi interior que me pide dar voz a esos sentimientos.

—César...

—Olvidémonos de todo. —Él abre los ojos y me mira con tanta intensidad que podría decirle que sí a todo sin importarme las consecuencias—. Hagamos que solo exista nuestro universo, Vera.

—No hay más, César. Solo el nuestro. —Me tiembla la voz, pero no puedo estar más segura de mis siguientes palabras—. Quiero pasar las próximas catorce horas en nuestro universo.

Capítulo 20

César

Pierdo la cuenta de todos los besos que nos damos de camino al portal del edificio donde vive Vera. Ni siquiera me importa quién pueda vernos. Lo único que ocupa mi mente ahora es memorizar cada rasgo de ella que haya podido escaparse de mi cabeza estos cuatro meses que han pasado desde la última vez que la besé. Repasar cada rincón de ella que se me haya olvidado desde octubre.

Joder. Como si eso fuera posible. Se quedó clavada en mí y no he podido sacarla de mi ser desde entonces.

Subimos las escaleras corriendo a trompicones, ella delante y yo persiguiéndola, riéndonos como críos, hasta que llegamos a su puerta. Vera me mira con esa mezcla de decisión e inseguridad que he visto en sus ojos al salir de la discoteca, justo antes de que me besara y dejara claro lo que quiere de mí. Esta vez soy yo quien da el paso hacia delante, con la intención de disipar cualquier duda que permanezca en su cabeza y demostrarle que estamos juntos en esto; que, si vamos a hundirnos, lo haremos juntos.

—Hay algo que necesito preguntarte —susurra pasándose la lengua por los labios después de separarnos. Los tiene un poco desdibujados por todos los besos que nos hemos dado desde la discoteca y seguramente yo también tenga algún rastro de su pintalabios en los míos, pero me da igual mientras pueda seguir saboreándola—. ¿Por qué... te has pasado la semana ignorándome? ¿Por qué has venido a por mí hoy? ¿Qué ha cambiado?

Tendría que haber imaginado que este tema saldría a relucir en algún momento. He sido una contradicción en mí mismo y es lógico que eso la haya confundido también. Me separo de ella unos centímetros y, después de respirar hondo para armarme de valor, la miro con intención de ser todo lo sincero que puedo y digo:

—Hacer como si no existieras fue la única forma que se me ocurrió de sacarte de mi cabeza. Y, aun así, sigues ahí metida. Existas o no, solo pienso en ti. Me da igual que no sea apropiado, me da igual que haya mil motivos para que esto no ocurra. Si tú me aceptas, yo quiero dártelo todo.

Incluso entre mis brazos, la siento estremecerse, lo que consigue que me duela la garganta al tragar saliva y que el pantalón me apriete de repente.

Sé que quien tiene la última palabra es ella y que, si su miedo vuelve a tomar el control, entonces dará igual lo que le diga. Por eso, espero a que Vera reaccione y, cuando lo hace, no me da tiempo a suspirar de alivio porque su boca encuentra de nuevo la mía con tanta urgencia que se me escapa un gruñido y su mano tira de mí hacia el interior de su apartamento.

Una vez dentro, nos separamos para dejar los abrigos en la entrada de manera atropellada, sin mucho cuidado, y yo me entretengo observando a mi alrededor. No me había dado por imaginar cómo sería la casa de Vera, pero, ahora que estoy en ella, creo que es muy de su estilo: despreocupada pero bonita, con colores sobrios y bien combinados.

—Me gusta tu casa —confieso, y le sonrío con suavidad.

—Gracias. En realidad es de mi madre, pero como no está... —Se encoge de hombros.

Sí, ya me contó que su madre había decidido pasar un tiempo indefinido viajando y descubriendo mundo, así que desde entonces ha estado viviendo sola. No hemos hablado en ningún momento de ese miedo que tiene a dejar que algo ocurra entre nosotros, pero algo me dice que quizá tenga que ver con el hecho de haber estado sola tanto tiempo, como si temiera que alguien perturbase esa seguridad.

No lo sé, y lo más probable es que no sea el mejor momento para hablar de ello. Ya hablaremos de estos temas y de lo que implican todas las decisiones que estamos tomando ahora y las barreras que estamos rompiendo, pero no quiero estropear esta noche. Solo deseo volver a sentirme en sintonía con ella.

Vera se acerca a mí y, de nuevo, sus dedos se deslizan con suavidad y lentitud entre los míos, encajando en un molde perfecto. Yo la miro y recuerdo que entre nosotros no hacen falta palabras. No las necesitamos aquella noche y esta tampoco. Las miradas que nos dedicamos siempre han sido más que suficientes. Y esta vez, cuando apoyo mi frente en la suya, solo puedo pensar en el brillo que emana de sus ojos y en que seguramente los míos solo dejen ver las ganas que tengo de arrancarle la ropa una vez más.

Me entretengo observando las líneas de su cara hasta terminar en la curvatura de sus labios, y ella debe de hacer otro tanto conmigo, a juzgar por lo acelerado de sus respiraciones y cómo su pecho sube y baja, distrayéndome y nublándome el juicio.

—Dime qué necesitas —le susurro muy despacio—. ¿Qué puedo hacer para que te sientas segura aquí conmigo? ¿Qué puedo darte?

Si por mí fuera, le daría todo mi ser, toda mi existencia, pero tiene que ser ella la que me lo pida y asegurarme de que eso es lo que necesita de mí ahora mismo. Quizá mi cuerpo y mi mente solo me pidan encerrarme con ella en el dormitorio, pero lo que Vera necesite es más importante que nada más.

Se toma varios segundos para contestar, como si no supiera expresarlo con palabras. Hasta que sus ojos se clavan en mí como estacas, secándome la boca, y entonces sé que estoy perdido y rendido ante ella.

—A ti. Te necesito a ti.

Mi instinto y mis ganas de ella actúan antes de que pueda siquiera considerar otra opción. Mi boca ataca la suya con tanta desesperación que incluso oigo a Vera gemir de la sorpresa, lo que consigue que mi entrepierna dé un brinco. Después, sus brazos se agarran a mis hombros con fuerza y yo la impulso hacia arriba con la intención de que sus piernas me rodeen la cintura. Ella lo entiende enseguida. Cuelo las manos entre sus muslos para sostenerla bien y tanto ella como yo notamos el roce de mi erección entre sus piernas.

Gruño con más fuerza y ella suspira en mi boca, volviéndome un poco más loco. A este paso no voy a durar nada.

—Tu habitación —murmuro entre dientes sin apenas separar mis labios de los suyos. A estas alturas me resulta imposible.

—La segunda a la izquierda.

No me lo pienso dos veces y empiezo a caminar por el pasillo en esa dirección. Abro la puerta como puedo y a los dos o tres pasos tropiezo con el pie de la cama, haciendo que Vera se me escape y aterrice de espaldas sobre el colchón. Se ríe y yo pierdo el equilibrio, cayendo encima de ella.

Con las manos a ambos lados de su cabeza, mi cuerpo sigue

encajado entre sus piernas, provocando un roce todavía mayor y más íntimo entre nosotros.

Nos miramos de esa forma lobuna y desesperada que ninguno de los dos es capaz de ocultar a estas alturas y yo casi pongo los ojos en blanco cuando Vera alza las caderas y roza el bulto de mi pantalón.

No lo puedo evitar. Ya no pienso con claridad. Mis caderas se mueven sobre las suyas, torturándome de una manera tan deliciosa que me niego a incorporarme. Todo empeora cuando los talones de Vera se me clavan en el culo y empieza a mecerse tan lentamente que creo que podría correrme en cualquier momento.

—Me vas a matar —gimoteo justo antes de que su mano se pose en mi nuca y me obligue a besarla de nuevo.

Nos devoramos el uno al otro como si fuera la primera vez. Sus manos campan a sus anchas por mi espalda mientras las mías parecen arder más a cada centímetro que recorren. Bajo por sus piernas hasta llegar a los cordones de sus botas, los desato sin delicadeza y las tiro sin mirar dónde. Vera, por su parte, también se deshace de mi jersey y mi camiseta de una sentada. No sé dónde acabará nuestra ropa y tampoco me importa, ahora mismo todo es un obstáculo entre su cuerpo y el mío.

El tacto de sus dedos directamente con mi piel me vuelve loco y hace que me arda allí donde me toca. Es como si quisiera torturarme, y lo peor es que soy un puto masoquista y no quiero que pare. Necesito su contacto como el aire, necesito tocarla y estar dentro de ella con tanta urgencia que duele.

La miro desde arriba y, por mucho que me encante verla temblar de expectación por mí, hay algo que no me convence. Me levanto y la ayudo a incorporarse y ponerse de rodillas en la cama para que su cara quede a la altura de la mía. Ella me mira con curiosidad y el fuego todavía creciendo en sus ojos.

—¿Qué pasa?

—Quítate la trenza —le ordeno con una voz más grave y oscura de lo que había pensado que tendría, pero no puedo evitar que mis ganas de ella se dejen ver de algún modo.

Vera pestañea confundida un instante, pero enseguida se echa las manos al pelo y empieza a soltarse la melena.

—Pensaba que te gustaba.

—Y me gusta —confieso, y, cuando por fin la veo con esa melena rizada por la trenza suelta y cayéndole por la cara, siento que podría correrme en ese instante—. Joder, me encanta. Pero prefiero tu melena suelta y salvaje, que me envuelva por completo y no pueda ver ni percibir nada que no seas tú.

Capítulo 21

Vera

Con toda la seguridad del mundo, César me coge de la cintura, se sienta en el borde de la cama y me monta a horcajadas encima de él, dejando mis rodillas una a cada lado de su cuerpo y provocando que nuestras caderas se rocen todavía más. He perdido la cuenta de los espasmos que me ha generado su contacto y de los gemidos que he proferido deseando tenerlo dentro de una vez.

Su boca aterriza en mi cuello con necesidad y hambre, y yo me siento morir en cuanto su lengua empieza a vagar por mi piel. Mentiría si dijera que había olvidado lo que César provocaba en mí cada vez que me tocaba, pero sí es cierto que el recuerdo de aquella noche no se acerca a todo lo que estoy sintiendo ahora mismo. Me arde la piel ahí donde me toca, me falta el aire si no lo beso y me muero por volver a fundirme con él.

César me saca el *top* por la cabeza en un único movimiento y soy yo la que enseguida se deshace del sujetador con tal de eliminar todas las barreras que hay entre nosotros. Me besa los hombros y el escote con devoción, dejando una marca caliente en cada punto, pero solo cuando uno de mis pechos acaba dentro de su boca, echo la cabeza hacia atrás con los ojos cerrados y me permito suspirar.

Su lengua dibuja círculos alrededor del pezón y de vez en cuando sus dientes tiran con suavidad, arrancándome unos jadeos que le tensan los hombros bajo mis dedos. Siento su mirada en mí todo el tiempo, como si disfrutara de verme a su merced, y eso solo consigue que se me erice todo el cuerpo y no puedo evitar retorcerme encima de él.

Separo más las piernas para que su erección encuentre mi punto más sensible y César me aprieta por el trasero en esa misma dirección. A juzgar por el tamaño de su bulto, él también está desesperado por penetrarme.

No tarda en tumbarme de nuevo de espaldas a la cama, esta vez más arriba, apoyando mi cabeza en la almohada, y reclama mis pantalones. Yo no me quedo atrás y también dirijo mis manos torpes a la cremallera de los suyos con el corazón desbocado y demasiadas ganas de que su cuerpo cubra el mío.

La ropa interior muy pronto sigue a todo lo demás en el suelo de mi habitación y de repente empiezo a temblar. No tengo frío, para nada. Es el deseo, la expectación, las ganas de él, de volver a sentir esa conexión física y emocional que solo nosotros entendemos. Me había negado a recordar todo lo que sentí con César aquella noche de octubre en un vano intento por olvidarme de él, pero ya he comprendido que no puedo seguir así. No puedo deshacerme de todo esto que solo siento con él.

Vuelvo a deslizar la mano abierta por su pecho y su abdomen muy lentamente, porque todavía no acabo de creerme que esto esté pasando de verdad, y termino posando la palma en su pene. Él cierra los ojos y suelta un gemido ronco cuando lo rodeo en toda su longitud con los dedos. Se deja caer apoyando las manos junto a mi cabeza y dejando un pequeño espacio entre nosotros, lo justo para que pueda ver cómo mi mano se mueve de arriba abajo tan despacio que voy a hacerle perder la cabeza del todo.

—Si haces eso, no voy a aguantar mucho.

Me muerdo el labio inferior, conteniendo sin éxito una sonrisa traviesa, mientras empiezo a mover el brazo más deprisa, provocándole varios jadeos y espasmos. La siento palpitar bajo mis dedos y hasta me permito rozar la punta con mi clítoris un par de veces. Mala idea, porque eso no solo hace que él tiemble sobre mí, sino que además mi vientre se contrae por la expectación.

La mano de César se posa en la mía con mucha fuerza de voluntad, y me obliga a parar bajo esa mirada oscura y llena de deseo que me deja sin aliento.

—Si tú eres mala, me vas a forzar a portarme mal a mí también.

—¿Y si quiero que seamos malos los dos?

Un brillo lascivo cruza su mirada, pero solo he podido verlo durante un instante, porque su boca vuelve a apoderarse de uno de mis pechos y su mano se posa entera en el vértice que une mis piernas. Se me escapa un jadeo más audible que el resto cuando su pulgar me acaricia con suavidad unos segundos y después empieza a dibujar círculos a su alrededor.

Cierro los ojos y abro más las piernas por instinto. César lo entiende como una invitación y enseguida siento como uno de sus dedos se introduce en mí con naturalidad, primero con una lentitud tortuosa.

Estoy empapada y él se ha dado cuenta, ya que no tarda en meter un dedo más y comenzar a moverlos tan despacio que siento que quiere castigarme por haberlo provocado. Me sujeto a sus hombros con la mano que tengo libre, agarro su miembro con decisión y sigo masturbándolo con las mismas ganas mientras él no para de tocarme cada vez más profundo.

Nuestros gemidos se entremezclan y nuestras lenguas se buscan con desesperación. Mis uñas se clavan en su espalda cuando el movimiento se hace más frenético y mis gritos tan altos que César tiene que besarme para tragarse el orgasmo que no tarda en invadirme. Arqueo la espalda para sentirlo más adentro y me dejo ir en su mano. Aprieto tanto los ojos que termino viendo estrellas.

La primera vez que César y yo nos acostamos fue una explosión de sensaciones que no había experimentado antes y que me marcó tanto como para clavarse en mi mente de forma inconsciente hasta este momento, que he podido revivirla, pero esto... Esto es otro nivel, muy alejado de lo que alguna vez había imaginado.

César espera a que mi respiración se asiente un poco sin dejar de observarme. Siento tal cosquilleo en todo el cuerpo que no he podido evitar dejar de tocarlo y centrarme en el placer que estaba sintiendo. Me da un beso breve y cariñoso en los labios y se incorpora de nuevo entre mis piernas. Yo lo miro como si acabara de volver de otro planeta, de otro universo, y él sonríe con los ojos entrecerrados, complacido.

—Te pintaría mil veces así —murmura de una manera tan íntima que siento un pellizco en el pecho.

No sé qué aspecto debo de tener ahora mismo, con las mejillas encendidas, los labios hinchados y el pelo rizado desperdigado por toda la almohada. La respiración acelerada y seguramente sudada. No sé si estoy guapa o sexy, pero tampoco le doy demasiadas vueltas. Me basta solo con la forma en que me mira para sentirme deseada y plena.

Me incorporo sobre los codos y coloco mi cara a pocos centímetros de la suya. Tengo ganas de decirle que lo quiero dentro, que no aguanto más sin él en mi interior, pero sé que en realidad solo me hacen falta dos palabras para hacerle perder la cabeza. Él sabe el poder que tiene sobre mí, pero yo también soy consciente de las armas que tengo contra él. Así que abro la boca y susurro todavía con voz excitada:

—Te necesito.

Sus ojos se oscurecen aún más, ya apenas queda verde en sus iris.

—¿Tienes preservativos?

—En el último cajón de la mesilla.

Enseguida echa mano del tirador y no tarda en encontrar la caja morada. Coge uno y se lo enfunda sin demora. Después se tumba sobre mí, colocando su erección en mi entrada, como hace unos instantes. Me muerdo el labio para contener la respiración, pero un jadeo se escapa por mi garganta cuando entra en mí lentamente pero sin pausa.

Hasta que lo siento por completo. Quieto.

César tiene la cara enterrada en mi cuello, también intentando controlarse. No se oye nada más que nuestras respiraciones agitadas y lo único que siento es el calor de su piel y a todo él llenándome por dentro. Podría quedarme a vivir en este momento.

Muy despacio, sube los brazos hasta mis hombros y me acaricia el pelo con ternura mientras me besa con una suavidad que contrasta con el ritmo frenético que habíamos adoptado y que me caldea el pecho. Entonces se separa y me mira sin ocultar su excitación. No dice nada y yo tampoco. ¿Para qué? No lo necesitamos. Nuestras miradas, nuestras acciones, dicen más que cualquier palabra.

Le acaricio la cara y levanto la cabeza para besarlo como él a mí hace un instante. Solo es una muestra más de toda la intimidad y la conexión que compartimos desde el primer momento. Es otra de las cosas que me gustan de él y de estar a su lado: poder adoptar todas mis facetas y mostrarme sin que me juzgue o me cohíba.

Cuando lo siento salir y entrar de nuevo en mí de una estocada, gimo en su boca y clavo los dedos en sus hombros. Vuelve a hacerlo de nuevo, varias veces, cada vez con más fuerza. Mis caderas se mueven hacia arriba en cuanto las suyas bajan, buscando una penetración más profunda, hasta que ambos nos adaptamos al ritmo del otro y nuestros alientos entrecortados se mezclan.

Me penetra con tanta dureza y llega tan hondo que se me nubla la vista cuando toca mi punto más sensible. Sale casi por completo y vuelve a entrar rápido y decidido tantas veces que pierdo la cuenta. Me tiembla todo y siento que podría derretirme aquí mismo. Me obligo a tensarme y apretarme alrededor de su pene, y creo que ambos perdemos el juicio en el momento en que el roce se intensifica.

César me gime en la garganta cuando me besa sin dejar de follarme. No quiero que pare, no quiero que salga de mí, y al mismo tiempo me muero por correrme con él y repetirlo todo. Una y otra vez. Hasta que todo lo demás desaparezca y solo quedemos nosotros, desnudos en esta cama y dándonos placer.

Al cabo de unos minutos, ese cosquilleo maravilloso empieza a recorrer mi vientre e, instintivamente, separo más las piernas y clavo los talones en sus glúteos. Él lo nota. Sabe que estoy a punto de sucumbir. César aumenta la velocidad y la profundidad de las embestidas, y, tan pronto como sus gruñidos y mis gemidos se hacen uno, César levanta la cabeza y me mira mientras los dos explotamos en un orgasmo muy diferente a todos los que nos concedimos aquella noche.

Porque esta vez sabemos lo que significan esa mirada y esa calidez en el pecho que no desaparece cuando el orgasmo ha terminado. Porque esta vez no me resulta tan desconocido y aterrador.

Porque esta vez... sé que es por él.

Sábado, 15 de octubre, 00.57 horas

Vera era curiosa por naturaleza, de modo que lo primero que hizo cuando entró en el apartamento de César fue observar a su alrededor con atención y tratar de encontrar algo en aquel salón que le permitiera conocerlo más.

No estaba demasiado recargado, apenas tenía los muebles básicos y algún que otro jarrón y marco de fotos sobre el aparador del salón o la mesa del comedor. La decoración tenía un aire bohemio y sencillo que no habría asociado con él en un primer momento, pero ahí se dio cuenta de que en realidad le pegaba bastante.

—¿Te gusta? —le preguntó él apoyando el hombro en el marco de la puerta que separaba el salón y la cocina.

Mientras Vera daba una pequeña vuelta por la estancia, él se había dedicado a mirarla a ella con atención. No era la primera vez que se quedaba embobado con los ojos clavados en ella en lo que iba de noche, y estaba seguro de que no sería la última. Lo atrapaba de una forma que no sabía explicar, pero tampoco se molestó mucho en buscar un motivo.

Vera asintió con la cabeza sin sentir apuro o vergüenza y se volvió hacia él con una sonrisa simpática.

—No me lo imaginaba así, pero en realidad es muy tú.

—¿Y eso qué quiere decir? —la retó César enarcando una ceja divertido.

—Que sigues sorprendiéndome hasta cuando no lo intentas.

Ambos intercambiaron una mirada cómplice. Sin embargo, aquel tonteo no avanzó más allá. César se pasó la lengua por el labio inferior, conteniendo una sonrisa, y cambió de tema.

—He puesto la calefacción, pero quizá tarde un rato en caldearse la casa. Si quieres, puedes darte una ducha.

Vera levantó una ceja, sin dar crédito. Se había dado cuenta de que César tenía un toque pícaro que dejaba salir a la luz de manera esporádica y con fingida inocencia y que no habían ido a su casa simplemente para enseñarle la decoración. Aun así, no esperaba esa insinuación tan directa, y la situación le pareció casi divertida.

Él también se dio cuenta de la lectura entre líneas que podía hacerse de su comentario y se le escapó una pequeña risotada, pero enseguida levantó las manos en señal de rendición.

—Sin segundas intenciones, lo prometo.

A Vera le hizo gracia y, aunque no le parecía lo más habitual, aceptó la invitación, ya que seguía sin entrar en calor y la tiritera no abandonaba su cuerpo.

—Vale, algo rápido. Lo justo para dejar de temblar.

César asintió con la cabeza y le indicó que lo siguiera por el pasillo de su izquierda. Vera entró en el cuarto de baño, todavía abrazándose a sí misma y frotándose los brazos. César, en cambio, salió diciéndole que lo avisara si necesitaba cualquier cosa y cerró la puerta detrás de sí.

Vera inspeccionó de nuevo el espacio. Una decoración con tonalidades azules sencilla y bonita; seguramente estuviera como se lo entregaron, a excepción de los productos de higiene masculina sobre el lavabo. Se deshizo de la ropa, dejándola doblada sobre un mueble cercano, y abrió el grifo del agua caliente. Se hizo un moño rápido y enseguida estuvo bajo la alcachofa. El calor y el vapor consiguieron que volviera a sentir los dedos de los pies, y una sonrisa se dibujó en su cara.

Unos golpes en la puerta la sacaron de su ensoñación y esta se abrió para dejar paso a la cabeza de César, quien estaba tapándose los ojos de manera tan cómica que la sonrisa de Vera se ensanchó.

—Te dejo la toalla sobre el cesto, ¿vale? —dijo él apenas entrando en la habitación.

—Gracias, pero no hace falta que te tapes los ojos —contestó ella con tono burlón—. Hay tanto vapor que poco vas a ver.

César se lo pensó un par de segundos. No estaba seguro de si era broma o si se trataba de una invitación real. Debió de tardar más de lo normal, porque oyó como la mampara de la ducha se deslizaba por los raíles y, después, la voz de Vera más cerca que antes. Tragó saliva con fuerza. No quería imaginársela desnuda frente a él, pero, después de que ese pensamiento hubiera aparecido en su cabeza, no era capaz de deshacerse de él.

—César... —susurró la chica, y a él se le puso la piel de los brazos de punta.

—Dime —respondió, como si no tuviera todavía la mano sobre los ojos, intentando aparentar entereza, aunque estaba seguro de que Vera podía notar el nerviosismo en su voz sin ningún problema.

—Abre los ojos.

Apretó los labios un segundo y después bajó el brazo. Era cierto que el baño estaba lleno de vapor, pero igualmente podía intuir la figura desnuda de Vera detrás de la nube de calor. El pulso se le aceleró y sintió cierta tirantez en el pantalón, que se hizo más notable con la siguiente pregunta de Vera.

—¿Te apetece ducharte conmigo?

Se le secó la boca al instante y tragó saliva con fuerza de nuevo.

Estaba deseando tocarla y lamer cada esquina de su cuerpo que ella le permitiese, de modo que no se lo pensó dos veces y se deshizo de toda su ropa bajo la atenta mirada de Vera. Después se acercó descalzo a la ducha y entró detrás de ella.

Cuando estuvieron el uno frente al otro, a pocos centímetros de distancia pero sin llegar a tocarse, se deleitaron durante un par de minutos observándose entre ellos. Al final, sus miradas se encontraron y quedaron atrapados en la electricidad que les llegaba desde los ojos del otro.

Ninguno de los dos supo quién dio el primer paso, pero tampoco importaba. La distancia entre ellos desapareció de golpe. Sus labios chocaron con ímpetu y necesidad y las manos de uno se aferraron a la piel del otro mientras el agua caliente no dejaba de correr por sus cuerpos, empapándolos.

Vera jadeó cuando los dedos de César empezaron a jugar con su pezón y él gruñó cuando su erección rozó el vientre de ella. No tardó en sentir su mano a su alrededor, moviéndose de arriba abajo con seguridad y rapidez, lo que lo incitó a bajar el brazo hacia ese mismo punto de la anatomía de ella y separarle las piernas.

Se exploraron y se dieron placer durante un rato que ninguno de los dos supo determinar. A Vera empezaban a temblarle las piernas y tuvo que aferrarse con fuerza a los hombros de César mientras ninguno de los dos dejaba de acariciar al otro. César la empujó de espaldas a la pared, dejando ambos rostros bajo el chorro de agua caliente mientras se besaban con fiereza.

Los gemidos y las caricias se hicieron más intensos, pero, cuando Vera tuvo el primer orgasmo, ardiente y tan audible que César se sintió morir solo de oírlo, quedaron sepultados por los besos hambrientos que estaban compartiendo y el agua de la ducha.

Vera todavía tenía la respiración acelerada y las piernas temblando en el momento en que César sacó medio cuerpo de la ducha para coger un preservativo del armario del baño. Miró a Vera un instante, buscando una confirmación por su parte, y, en cuanto ella asintió con la cabeza y la mirada más oscura que le había dedicado en toda la noche, no dudó en colocárselo.

Vera se agarró al cuello de César y de un salto le rodeó la cintura con las piernas. Él enseguida la sujetó por los cachetes y la apretó contra la pared, haciendo que sus zonas más calientes entraran en contacto. Vera gimió sorprendida ante el roce helado de los azulejos y excitada al notar la erección de César tan cerca de su entrada. Aquello hizo que sus cuerpos encajasen como piezas de un puzle y sus zonas más sensibles palpitasen por la cercanía.

César buscó su entrada a tientas y, una vez que la hubo encontrado, se introdujo en ella con fuerza, arrancándole un gemido lastimero al que siguieron muchos más incontenibles por parte de ambos.

Cada estocada equivalía a un jadeo o un gruñido que se mezclaba con el sonido del agua. Ambos se miraron durante cada movimiento rápido y certero, cada acometida que él realizaba tenía más profundidad que la anterior. Los gemidos de los dos se mezclaron tanto durante los besos y las mordidas que intercambiaron que no fueron capaces de distinguir unos de otros, pero les dio igual, porque solo existía un pensamiento en sus mentes y era el de no permitir que aquel momento, aquellas sensaciones, terminasen nunca.

Querían alargar el encuentro todo lo que el universo les permitiera.

Perdieron el sentido del tiempo que estuvieron allí, fundiéndose y uniéndose, porque solo les importaba esa sensación, la de estar completamente envueltos y llenos por el otro.

Capítulo 22

César

Un dulce y familiar aroma a melocotón me inunda la nariz de golpe, despertándome. Aun así, cuando abro los ojos, después de varios parpadeos, me cuesta ser consciente de dónde estoy..., hasta que veo la melena castaña, salvaje y enredada, sobre la almohada a pocos centímetros de mi cara, y se me seca la garganta. Vera.

Deslizo la mirada por su cuello, ese que me harté de besar y acariciar anoche. No, mentira, no voy a cansarme nunca de tocar cada centímetro de su piel. Está tapada con el edredón hasta arriba, de espaldas a mí, solo puedo ver su cabeza y su pelo. Su respiración es pausada y profunda, está plácidamente dormida. Mi brazo rodea su cintura, por eso sé que lo único que lleva puesto es su ropa interior. Tiene la piel caliente y eso solo consigue traerme recuerdos de todo lo que ha ocurrido hace unas horas.

Ella bailando con sus amigas. Yo observándola desde la distancia. Acercándome con una evidente declaración de intenciones. Nosotros escapándonos de la discoteca. Besándonos en medio de la calle porque no soportábamos más las ganas. Viniendo a su casa. Hablando y bromeando con esa complicidad que no ha desaparecido entre nosotros. Desnudándonos y comiéndonos el uno al otro. Haciendo el amor como ya no podíamos aguantar.

Me paso la lengua por los labios y sonrío. No es la primera vez que ocurre y espero que no sea la última. Sin embargo, la otra vez, cuando me desperté, estaba desorientado y confuso porque no había rastro de ella en todo mi apartamento, y fue un momento difícil de gestionar y entender. Quizá por eso hoy no había pensado que por la mañana la vería aquí, en la misma cama, dormida y tranquila. Es una imagen que no me esperaba y que me ha llenado el pecho de algo cálido y agradable.

Me acerco más a ella, deslizándome por el colchón, para abrazarla y asegurarme de que es real y no solo fruto de mi imaginación y mis ganas de que esto de verdad haya ocurrido, pero, por muy cuidadoso que haya tratado de ser, el movimiento la altera y termina revolviéndose y dándose la vuelta entre mis brazos.

No se ha despertado, sigue con los ojos cerrados, solo que esta vez tengo la oportunidad de ver su carita preciosa completamente en paz.

Joder, qué guapa es.

Me incorporo y apoyo la cabeza sobre un brazo sin dejar de contemplarla. Necesito memorizar este instante, detenerlo en el tiempo y retenerlo en mi cabeza todo lo que pueda.

La mano que estaba sobre su vientre hace un momento sube para acariciarle la mejilla y apartar un mechón de pelo rebelde que se había posado en su rostro. Por desgracia, eso sí que la despierta.

Vera pestañea varias veces antes de abrir los ojos por fin y mirarme adormecida. Está adorable ahora mismo. No he querido pensar en su reacción al verme en su cama, pero me alivia verla sonreír lentamente mientras se estira bajo el edredón. Después vuelve a inclinarse hacia mi lado y me observa con los ojos entrecerrados.

—Buenos días —susurro aguantando a duras penas las ganas de besarla.

—Buenos días —contesta con voz pastosa—. ¿Llevas mucho rato despierto?

—Unos pocos minutos.

—¿Y estabas mirando cómo dormía, igual que un acosador? —bromea con tono jocoso.

Sonrío de lado.

—Intentaba grabar mentalmente este momento para luego dibujarlo.

La actitud divertida desaparece de su rostro y en su lugar adopta una expresión inocente y casi diría temerosa. Tímida. Esto es nuevo. Una faceta suya que no conocía.

—¿Has...? —empieza a decir después de morderse el labio inferior, indecisa, aunque a mí solo me han dado más ganas de besarla—. ¿Has hecho otros bocetos desde aquella noche?

—¿De ti? —Vera asiente con la cabeza, enterrando media cara en el edredón. Joder, ¿cómo puede ser así de adorable?—. Algunos —contesto sintiendo cierta vergüenza—. Antes de reencontrarnos, dibujarte era lo único que me recordaba que habías sido real y no fruto de mi imaginación.

Vera me observa en silencio con sus enormes ojos color miel, como si tratara de analizarme y ver a través de mí. Hasta que se incorpora, dejando caer el edredón hasta su cintura y su pecho al descubierto.

—¿Y ahora te parezco real? —susurra a pocos centímetros de mi boca.

—No —respondo en el mismo tono—. Todavía tengo mis dudas sobre si eres un sueño. Pero, si lo eres, no quiero despertarme.

Su mano sube hasta mi nuca y se detiene para acariciar mi pelo. Cierro los ojos y disfruto de su tacto unos segundos, hasta que su boca encuentra la mía y bebo de ella como si llevara semanas en un desierto. Su cuerpo se pega al mío y no tardo en ponerme duro cuando su pierna rodea mi cadera y me obliga a tumbarme de espaldas al colchón.

Vera se sienta a horcajadas sobre mí y se incorpora para dejarme verla de nuevo tan libre como anoche. Después se inclina y nuestros labios se buscan con necesidad. Mis manos deambulan por todo su cuerpo, dejando un rastro de mí a cada centímetro. No hablamos de nada más, no lo necesitamos. El calor de nuestra piel y los suspiros que nos dedicamos dicen mucho más.

Enseguida nos encontramos completamente desnudos frente al otro y ansiando demostrarnos que esto es real y no parte de un maravilloso sueño.

Capítulo 23

Vera

No me sacio. Por más que lo beso y por más que lo siento cerca de mí, no se calma esa necesidad que tengo de César. No sé por qué ni tampoco quiero saberlo, pero no me canso de besarlo y tocarlo, de estar con él. Tampoco tengo idea de si en algún momento ocurrirá, pero me gustaría aprovechar cada instante para memorizarlo.

No esperaba pasarme el domingo por la mañana enredada en las sábanas con César cuando salí anoche con mis amigas, pero lo cierto es que no se me ocurre un plan mejor. Retrasamos el ponernos de pie todo lo que podemos, pero llega un momento en que mi estómago rugiendo y su risa burlándose de mí nos obligan a hacerlo.

—Vamos a ver qué tienes en la despensa —se mofa César de mí.

—No esperes gran cosa. A menudo voy con prisa y no me da mucho tiempo a desayunar.

—Ah... Pensaba que no solías llegar tarde a clase —continúa, con tono divertido y recordando lo que yo misma le dije en la primera clase oficial que compartimos hace un par de semanas.

—Y así es. Prefiero llegar a mi hora y renunciar a desayunar con tal de no interrumpir y pasar la vergüenza que pasé ese día.

—Cuando me encontraste en la tarima.

—Sí...

Todavía me muero de la vergüenza al recordar cómo deseé que se me tragara la tierra en aquel momento. Él tampoco parecía tener muy buena cara al verme.

—Vaya día... Qué cúmulo de emociones —dice, dando voz a lo que yo misma estaba pensando.

—Y que lo digas.

Intercambiamos una mirada en silencio que para nada se parece a las que nos dedicamos hace dos semanas. No es en absoluto incómoda; de hecho, diría que incluso es de complicidad. Como si aquel día ya fuera un recuerdo lejano que no nos afecta..., aunque en realidad seguimos teniendo el mismo problema que entonces. Puede que incluso estemos todavía más metidos en todo este lío.

Dejamos el tema y nos levantamos de la cama. Nos vestimos con lo justo (camiseta larga en mi caso y César con sus vaqueros de anoche) y nos dirigimos a la cocina entre risas y cosquillas. Desayunamos bromeando entre nosotros y riéndonos como niños.

Descubro cosas de César que la última noche que pasamos juntos no conseguí saber y, por muy pequeñas e insignificantes que puedan parecer, me encanta que me las cuente, ya que así puedo conocerlo mejor. Como que le gusta el café sin azúcar y con muy poca leche, casi negro, que es más de magdalenas que de galletas y que es bastante maniático, porque no le gusta dejar los cacharros en la pila con agua si puede enjuagarlos y meterlos en el lavavajillas directamente.

Yo también me abro un poco más con él y le cuento que

desde pequeña tengo la tradición de desayunar Cola Cao con galletas todos los domingos porque me recuerda a mi infancia, y que el domingo es un día para descansar. O que no me quito el pijama hasta casi la hora de comer porque me gusta estar cómoda en casa y es una declaración de que ese día no voy a hacer nada más que relajarme. También le hablo de cuánto me gustaban los Jonas Brothers de adolescente porque encuentra mi colección de cedés en una de las vitrinas del salón durante su inspección.

Cuando hemos recogido todo como a él le gusta, le digo que voy a darme una ducha rápida, a lo que él me responde con una simple sonrisa torcida propia de un canalla. Los dos hemos recordado esa primera vez que nos tocamos con complicidad y no nos resistimos a revivir el momento.

Ahí me doy cuenta de que el concepto de «ducha rápida» va a dejar de existir entre él y yo.

Una vez que ambos volvemos a estar vestidos, al cabo de casi una hora bajo el chorro de agua caliente porque hemos sido incapaces de dejar de tocarnos, César decide que es el momento de irse a casa.

—Vera —dice mi nombre con seriedad cuando aún estamos en el pasillo, despidiéndonos; me mira, y al ver la decisión en sus ojos me quedo paralizada—, no sé qué es lo que quieres a partir de ahora, pero yo no quiero que esto termine así. No sería justo después de todo lo que hemos compartido y, aunque no lo hayamos dicho, también de lo que sentimos.

Se me acelera el corazón y ese pánico que me acecha cada vez que César y yo hablamos de esto aparece de nuevo. Me quedo callada porque no sé cómo expresar lo que siento, pero él se adelanta y continúa con su discurso.

—Eres... probablemente la chica con la que más he conectado en toda mi vida, y ya sabes que... Bueno. Eso. —Aprieto los labios y asiento con la cabeza. No hace falta que lo diga porque sé muy bien a quién se refiere—. No voy a presionarte ni a perseguirte si decides que esto sea todo, que hasta aquí podemos llegar y que deberíamos dejarlo en un bonito recuerdo. Pero quiero que entiendas que para mí no se trata solo de un par de noches de sexo.

»Siento algo por ti. —Mi corazón se salta un latido—. No voy a negar lo evidente. Sé que tú también me ves de forma especial y que te da miedo intentar algo conmigo. Antes no sé de qué se trataba, y que el hecho de que ahora sea tu profesor no ayuda, pero no quiero cerrar esta puerta sin haber visto lo que hay dentro.

»No te pido que pongamos un nombre a esta relación ni que te comprometas a algo que no quieres, solo... —Suspira y me doy cuenta de lo duro que está siendo esto para él—. Solo te pido que nos dejemos llevar. ¿Nos apetece hablar? Tienes mi número. ¿Tomar un café? Genial. ¿Vernos en tu casa o en la mía? Alucinante.

Sonrío ante su intento por destensar la situación. César se acerca a mí y me coge las manos con delicadeza entre las suyas. Su contacto palia mi ansiedad y me destensa los hombros, y él lo sabe.

—Haremos lo que tú me pidas, de verdad, pero no nos descartes sin saber cuánto podemos llegar a ser.

Levanto la cabeza y lo miro a los ojos, a ese verde que cada vez que lo encuentro me da estabilidad, calma y fuerza. No sé si voy a terminar arrepintiéndome de esto o si acabaré llorando en mi cama dentro de unas semanas, pero César tiene razón. No puedo perder esto solo por miedo. Si dejo que el miedo decida por mí, nunca lograré vivir de verdad.

Aprieto sus manos cuando he tomado la decisión y sonrío entre el temor y la valentía.

—Vale —digo en cuanto encuentro la voz—. Quiero intentarlo.

Sus hombros descienden ligeramente al devolverme la sonrisa repleta de alivio y felicidad. Después se acerca y me da un beso en los labios que me llena de energía.

—Escríbeme cuando quieras, ¿de acuerdo?

Asiento de nuevo con un remolino en el estómago. Uno muy diferente al de la otra vez, uno que parece ser bueno. Es una sensación extraña y desconocida, pero no me resulta desagradable. Tengo curiosidad por saber hasta dónde puede llegar todo esto.

Nos despedimos en la puerta con esa promesa flotando en el aire entre nosotros y cierro cuando lo he perdido de vista escaleras abajo. Me quedo ahí, apoyada de espaldas a la madera y pensando en todo lo que ha ocurrido en las últimas catorce horas.

¿Esto es real? ¿Ha pasado de verdad?

César y yo vamos a darnos una oportunidad.

Me muerdo la uña del pulgar porque todavía no acabo de creérmelo. Camino un par de pasos hasta el salón, como si aún estuviera metida en ese sueño que hemos creado entre los dos, como si en cualquier momento fuera a sonar el despertador y todo esto estuviera a punto de desaparecer.

No sé qué me ocurre, pero necesito saltar y chillar de emoción. Y no me contengo. Brinco y grito sobre el primer cojín que encuentro en el sofá y no paro en varios minutos, hasta que me quedo a gusto y he sacado toda la adrenalina contenida. Me dejo caer en el sofá con la respiración acelerada y una sonrisa enorme, y me convenzo de que, sí, todo esto es de verdad y César y yo vamos a ser reales.

Entonces corro a coger el móvil, busco su número en la agenda de WhatsApp y tecleo con dedos temblorosos. Va a ser el primer mensaje que le mande y quizá parezca una tontería, pero estoy nerviosa hasta por esto.

Yo: ¿Y qué hay de las clases?
¿Qué vamos a hacer?

Él no tarda más que unos pocos segundos en conectarse y contestarme.

César: De momento, tendremos que fingir que no somos más que profesor y alumna. Hasta que termine el curso y Jaime vuelva a la universidad. Después, solo tendremos que preocuparnos por si dormimos en tu casa o en la mía.

Me muerdo el labio inferior, pero la sonrisa que intentaba contener se hace más amplia todavía. Me tumbo bocarriba en el sofá y vuelvo a mirar la pantalla del móvil. No sé cuánto rato pasamos hablando, pero no me importa, no tengo suficiente, porque, cuando se trata de él, todos los problemas del resto del universo dejan de existir para mí.

Sábado, 15 de octubre, 00.26 horas

César le prestó a Vera una camiseta de manga corta negra que le quedaba tan larga como un vestido a media pierna, para que estuviera más cómoda, cuando regresaron al salón de su apartamento. Ambos se sentaron en el sofá, cerca pero sin llegar a tocarse, porque tanto él como ella sabían que hasta el más ligero roce entre ellos podría provocar un incendio de nuevo. Y no era que no estuvieran dispuestos o no deseasen repetirlo, a decir verdad, lo estaban deseando. Sin embargo, también querían conocer otros rincones del otro, otros menos físicos.

—No sabía que también te gustara pintar —comentó Vera encogiendo las piernas sobre el sofá mientras observaba los bocetos desperdigados en el escritorio de César.

—Sí, bueno... —Él se rascó la nuca, de repente apurado y sin saber muy bien qué decir. No esperaba que ella encontrase nada de eso y tener que contarle esa parte de su historia—. Me da un poco de vergüenza, porque no van a llegar nunca a nada, pero...

—¿Por qué dices eso? —lo regañó Vera arrugando la nariz de una manera tan cómica que César tuvo que contener una sonrisa—. Seguro que ese que habla es el síndrome del impostor. Déjame ver algunos. ¿Puedo?

Vera esperó a que él le hiciera un gesto de afirmación mezclada con indiferencia, y se puso de pie para acercarse a la mesa. Ojeó los bocetos bajo la mirada atenta de César, que asomaba desde el respaldo del sofá. La chica cogió uno de los cuadernillos abiertos y se lo llevó a su asiento, esa vez más cerca de él.

—Son bonitos —dijo después de un par de minutos de silencio.

César soltó una risotada y la miró con una ceja enarcada de forma divertida.

—En arte eso es como decir que son simplones.

—No... —intentó excusarse Vera, arrepentida al instante por su comentario. Se mordió el labio inferior y trató de explicarse—. A ver, es que... es como si les faltara algo.

—Ya. —César sabía a qué se refería, no era la primera ni la segunda persona que se lo decía: eran trazos sin alma, sin sentimiento. La diferencia era que Vera era la única que había querido ser delicada con sus palabras. Internamente se lo agradeció—. En realidad los dibujé por mera práctica, no porque me sintiera inspirado. Supongo que aún tengo que encontrar eso que me atrape el ojo y la mente y no pueda sacármelo de la cabeza hasta que lo plasme.

Vera continuó sumergiéndose en los dibujos de César, paseando por una playa al atardecer, de nuevo en el puente de San Pablo o por la pasarela de madera donde César y ella habían compartido ese momento mágico que los había llevado a donde estaban entonces. Eran partes de él, de su vida, pedazos de lugares y momentos que había querido plasmar en el papel como una especie de homenaje a lo que sentía por esos sitios. Quizá para César no eran nada espectacular, pero a

Vera aquel cuaderno le pareció una ventana abierta al interior de su mente.

César, por su parte, se limitó a observarla y a analizar cada línea de su piel. A memorizar sus expresiones concentrada en sus dibujos, el movimiento de sus dedos pasando las páginas del cuaderno y sus ojos trazando cada línea y cada milímetro de lo que él había dibujado, como si fuera lo más interesante que había visto nunca.

Entonces, una idea le vino a la mente y un impulso nuevo e intenso se apoderó de él.

Se levantó y se acercó a la mesa para coger un nuevo bloc de notas antes de acomodarse en el mismo sitio en el que estaba, en esa esquina opuesta del sofá, girado hacia ella. Abrió el cuaderno por una página en blanco y empezó a trazar línea tras línea con el pulso acelerado, el ceño ligeramente fruncido y los labios entreabiertos mientras levantaba la mirada de vez en cuando para decidir qué parte de ella plasmaría después.

Vera alzó la mirada hacia él y se dio cuenta de lo concentrado que estaba. No quiso interrumpirlo ni arriesgarse a asomar la cabeza por encima para ver qué estaba dibujando, por si aquello lo sacaba de su ensoñación, pero, cuando sus ojos se encontraron con los de él, se dio cuenta de qué se trataba. Se le encendieron las mejillas al instante y su corazón se aceleró.

—¿Me estás dibujando a mí?

César detuvo la mano al instante y tragó saliva. Se había dejado llevar por la musa que tenía delante y no había pensado en lo que a ella le parecería. Quizá había ido demasiado lejos. Levantó la mirada de nuevo hacia ella con una disculpa dibujada en la cara.

—Si te incomoda, paro. Perdona, debería haberte preguntado antes.

—No, no, no pasa nada. —Vera le sonrió entre ilusionada y sorprendida. También se le había acelerado el corazón y casi podía oírlo retumbar en sus oídos, pero decidió ignorar lo que le había hecho sentir el que él la encontrase tan interesante como para querer dibujarla—. Es que no me lo esperaba, no soy nada del otro mundo.

—No estoy de acuerdo. —César le dirigió a Vera una mirada intensa cargada de palabras que él no se atrevió a decir y que ella tenía miedo de escuchar. De modo que se limitó a añadir—: Para mí es como si hubieras venido desde otro universo.

Cualquier pensamiento lógico desapareció de la mente de Vera y solo pudo oír el latido de su corazón cada vez más acelerado e intenso. César le mantuvo la mirada, esperando una reacción del tipo que fuera, pero, cuando fue consciente de que no iba a llegar, la bajó de nuevo al cuaderno al cabo de unos pocos segundos. Continuó dibujando a Vera, esa vez su figura con las piernas desnudas, solo los muslos cubiertos por su camiseta, y cruzadas sobre el sofá.

Vera, en cambio, tardó un poco más en recuperar el control de su cuerpo y su mente y clavar de nuevo la mirada en los bocetos de César, con la intención de mantenerse lo más quieta posible y no interrumpir su momento de inspiración. Aunque trató de ignorarlo, no pudo negar el ritmo acelerado de sus pulsaciones solo de pensar en ver el resultado final.

Capítulo 24

César

Un silencio entre incómodo y pensativo se hace notar cuando termino de relatarles a mis amigos brevemente, sin demasiados detalles, lo que ocurrió con Vera ayer. Ha sido una reunión casi improvisada, más de lo normal entre nosotros, porque no había vuelto a hablar con ellos desde que anoche los dejara con la palabra en la boca para acercarme a Vera y marcharme con ella de la discoteca.

Fran me mira sin saber qué decir, Rodri parece más interesado en su cerveza y Carlos es el único que se muestra un poco expresivo, asintiendo con la cabeza como si intentara asimilar lo que les he contado. Evidentemente la decisión de empezar, o continuar, esto con Vera es mía, pero mis amigos son como mis hermanos y me gustaría saber que me apoyan o, en todo caso, qué piensan.

—Entonces, ¿qué? —rompe Rodri ese momento que comenzaba a ser bastante incómodo después de un carraspeo. Levanta la cabeza y me mira con una sonrisa torcida llena de burla—. ¿Ahora vas a darle clases particulares?

Qué gilipollas. Le tiro una bola de papel hecha con una servilleta, pero en realidad le agradezco que haya destensado el momento. Ha conseguido que mis hombros se hayan relajado un poco y que me hayan entrado ganas de sonreír. Él suelta unas risotadas y la atrapa al vuelo.

—Eh, que tú verás lo que haces, pero creo que pagar con sexo se puede considerar...

—Ni lo digas —lo amenazo señalándolo con el índice.

—Es broma —se excusa alzando las manos, pero sin una pizca de arrepentimiento—. Ahora en serio. Me alegro de que hayáis aclarado las cosas y todo eso, pero todavía tenéis el problema de que eres su profesor.

—Y aunque no sea ilegal como tal, porque es mayor de edad —interviene Fran por primera vez; seguramente haya estado buscando la forma más suave de decir lo que opina—, sí que debe de haber alguna norma que prohíba ese tipo de relaciones en la universidad. ¿Has investigado?

Trago saliva y tamborileo con los dedos sobre mi jarra. No había querido pararme a pensar en ello, aunque es cierto que continúa siendo un tema complicado y que no puedo ignorar más.

—Pues... no, pero no seré su profesor durante mucho tiempo, solo este cuatrimestre. Podemos esconderlo lo que queda de curso y, después, ya veremos.

—¿Y si resulta que el año que viene sigues con esa sustitución? ¿O si te hacen profesor titular y está en tu clase?

—Ya os he dicho que lo pensaremos cuando tengamos que hacerlo. No quiero cruzar puentes que ni siquiera me salen en el mapa todavía —me defiendo, intentando no agobiarme por todas esas hipótesis. No sé si a Vera se le habrán pasado por la cabeza, pero espero que, si eso ocurre, podamos hablarlo con confianza y pensar en soluciones reales—. Sé que es complicado, pero confiaba en que me dierais ánimos y os alegraseis por mí.

—Nos alegramos —asegura Carlos para calmar las aguas—, pero no queremos que te metas en un lío en el trabajo por una chica.

Me gustaría explicarles que no es solo una chica; que con Vera he sentido cosas que no había sentido con nadie antes, y eso ya es mucho decir. Sin embargo, entiendo su intranquilidad y ese sentido de protección que tienen hacia mí, así que procuro explicarme lo mejor que puedo para que se les contagie mi optimismo y vean que esto que tengo con Vera no es solo un juego.

—Lo entiendo, y os agradezco la preocupación y que queráis advertirme, pero no quiero pensar que esto vaya a torcerse. Me gusta Vera —confieso en voz alta por primera vez, y, joder, qué satisfacción— y me gusta estar con ella, cómo soy y cómo me siento cuando estoy con ella. Quiero centrarme en ese sentimiento por ahora. Si en algún momento termina yéndose todo a la mierda, entonces podréis decirme que ya me lo habíais advertido. Pero ¿podéis apoyarme en esto?

Los tres intercambian una breve mirada, como si estuvieran comunicándose telepáticamente, hasta que Fran se vuelve hacia mí.

—Si se tuerce y se va a la mierda, no creo que ninguno de nosotros se centre en decirte «Te lo dije». Estaríamos más preocupados por ti que por tener la razón. Lo que no queremos es volver a verte tan hundido como... con ya sabes qué.

—Joder, ni que fuera la puta Lord Voldemort —interviene Rodri con una expresión exagerada que a todos nos hace sonreír.

—Lo sé y de verdad que os lo agradezco. Si necesito que me escudéis en cualquier momento, sé que puedo contar con vosotros.

Después Carlos me dedica una sonrisa tranquilizadora, Fran

asiente con la cabeza y Rodri resopla una risa antes de alargar el brazo hacia su cerveza y decir:

—Vale. ¿Cuándo nos la presentas oficialmente?

Dos días más tarde es martes y Vera y yo tenemos la primera clase juntos desde que decidimos intentar lo que sea que esté surgiendo entre nosotros. Nos hemos mandado unos cuantos mensajes esta mañana para recordarnos el uno al otro que debemos actuar con normalidad. No es como si necesitásemos ese recordatorio, pero creo que los dos nos sentimos más tranquilos al habernos asegurado de que el otro no lo ha olvidado.

Aun así, creo que es evidente que la que más nerviosa está de los dos es ella.

Vera: No puedes mirarme más de dos segundos o será sospechoso.

Yo: No creo que nadie esté cronometrando cuánto tiempo miro a cada alumno, pero, si te quedas más tranquila, no te miraré en absoluto.

Vera: ¡No! Eso también quedaría extraño. Mírame de vez en cuando, pero no durante mucho rato.

Yo: Creo que ya nos estamos poniendo un poco paranoicos. No te preocupes, saldrá bien. Solo tenemos que comportarnos como hasta ahora.

Vera: Hasta ahora me pasaba las clases con la espalda rígida por estar en el mismo espacio que tú y me daban escalofríos cada vez que pasabas cerca de mí.

Yo: Ya sabía que tenía algún efecto en ti, pero qué bien sienta que lo admitas.

Vera: Capullo.

Yo: Ese mensaje va para Favoritos.

Vera: Eres un idiota. Me estás poniendo nerviosa y estoy sentada en mi sitio ya. No me hagas reír o será una clase horrible. Y no solo para mí. Yo también puedo hacértelo pasar mal.

Le mando un par de emoticonos de disculpa y una cremallera en la boca, pero a mí no se me borra la sonrisa de la cara, aunque sí intento disimularla mientras guardo el móvil en el bolsillo de mi pantalón y recorro el pasillo hasta la puerta de su clase.

Entro en el aula cuando quedan cinco minutos para comenzar la clase y veo varias filas de alumnos ya sentados. En la última, como ya sabía, está ella. No se lo he preguntado, pero no entiendo por qué prefiere sentarse sola a estar con algún compañero. Supongo que es un tema que podría sacar más adelante, para conocerla mejor.

La miro un segundo —no más de dos, claro— antes de barrer la sala con la mirada y sonreír a los alumnos que me saludan. Después dejo mis cosas sobre el escritorio y saco los apuntes de la lección de hoy. Cuando es la hora de empezar, mis ojos van de forma instintiva hacia donde se encuentra Vera, con su cuaderno y su bolígrafo preparados. Me regaño mentalmente y me obligo a buscar otro punto en el que clavar la mirada o que utilizar como apoyo.

Me he burlado de ella hace nada por estar nerviosa y por repetirme tantas veces que debemos ser discretos, pero apenas llevo unos pocos minutos en la misma sala que Vera sin tocarla y prohibiéndome siquiera mirarla. No sé cómo voy a aguantar una clase entera, aunque sea la de una hora. No sé cómo voy a aguantar el resto del curso ocultando esto.

Capítulo 25

Vera

El domingo por la tarde, después de que César se vaya, escribo a las chicas para contárselo todo con la emoción que todavía inunda mi cuerpo y mi mente. Mi intención es mandarles un podcast en forma de audio al grupo de WhatsApp, pero ambas toman la decisión de presentarse en mi casa para escucharlo en vivo y en directo antes de que tenga tiempo de hacer nada.

Silvia me sienta en el suelo frente al sofá donde se acomodan ellas, y se inclinan hacia delante para prestar atención.

—Confiésalo todo, ni se te ocurra dejarte una sola guarrada fuera.

Me río sin poder evitarlo y Andrea termina uniéndose a mí también después de intentar contenerse en vano, pero no dice nada porque también quiere enterarse.

Respiro hondo y me tomo unos segundos para ordenar mis pensamientos y así saber por dónde comenzar. Después, empiezo a relatarles la noche de ayer desde el momento en que las perdí de vista y vi a César observándome desde la barra hasta que nos hemos despedido hace unas horas en la puerta de mi casa. Les cuento todo lo que nos hemos dicho, lo que hemos hecho y lo que pensamos hacer a partir de ahora.

—Así que el profe y tú ahora... —suelta Silvia con una sonrisa maliciosa.

—No le hemos puesto un nombre —la corto, antes de que diga nada que pueda despertar mi pánico—. Solo tenemos claro que nos gustamos y queremos ver a dónde nos lleva todo esto. No sé cómo, pero ha conseguido que prefiera arriesgarme y que los dos acabemos mal a quedarme con la duda de ¿y si hubiera salido bien?

—Ya te puedo decir yo cómo lo ha conseguido... —murmura Silvia enarcando las cejas de manera insinuante.

—¿Qué vais a hacer cuando estéis en la universidad? —pregunta Andrea pasando de ella y centrándose en mí—. ¿Ignoraros?

—Tendremos que fingir que no nos conocemos fuera de allí —respondo encogiéndome de hombros.

No es algo que le haya dicho a César —aunque supongo que lo acabaré haciendo por esto de ser transparentes el uno con el otro y hablar abiertamente de lo que sentimos para poder solucionarlo entre los dos—, pero no creo que vaya a ser sencillo esto de tratarnos con normalidad cuando estemos en la facultad. Ya era bastante difícil antes de anoche, ahora que hemos dado rienda suelta a lo que sea que haya entre nosotros... Tiene pinta de que va a ser duro.

Observo a mis amigas mientras ellas intercambian una mirada cómplice. Después se vuelven hacia mí, con una sonrisa ilusionada en el caso de Andrea y burlona en el caso de Silvia. Quizá ellas también tengan sus dudas y no lo vean tan claro, pero al menos se están esforzando en mostrarme su apoyo.

—A mí me parece excitante —comenta esta última—. Las

miradas furtivas y roces que parecen accidentales pero que están muy pensados, miraros durante las clases y pensar que a ojos de todo el mundo tú solo eres su alumna y él solo tu profesor, pero en realidad anoche tuvisteis una clase muy muy práctica.

Me echo a reír tapándome la cara por el rubor que me ha subido a las mejillas.

Andrea y Silvia siguen burlándose de mí hasta que les pido que paren, porque me temo que no voy a dejar de pensar en sus palabras durante la clase del próximo martes y será muy incómodo ver a César explicar mientras yo solo recuerdo todo lo que ocurrió anoche. Supongo que, al sentarme en la última fila, si me sonrojo nadie se dará cuenta. O, al menos, eso espero.

Ese día, en el que por fin tenemos la primera clase juntos, después de recordarnos con unos cuantos mensajes (sobre todo por mi parte) y varios emoticonos entre graciosos y tiernos que nadie puede darse cuenta de nada, me paso la clase, en efecto, fantaseando con César con mucha menos ropa de la que lleva durante la lección, en una postura bastante comprometida y tocándome de una forma que cualquiera que me mirase adivinaría fácilmente.

Varias veces me obligo a apartar la vista de él y clavarla en los apuntes en busca de algo que me distraiga y me calme. Necesito dejar de recordar todo lo que hicimos y nos dijimos el sábado por la noche o esta será la clase más larga y acalorada de toda mi vida.

La clase se me hace más larga de lo normal por esa batalla en mi cabeza entre la voz de Silvia diciéndome guarradas y rememorando cada roce de César con mi piel y la que me pide que me comporte y sea discreta o los dos estaremos en un buen lío.

Termina la sesión de una hora y todos los alumnos empezamos a recoger nuestras cosas y a salir despavoridos por la puerta. Lo cierto es que ha sido una clase intensa en cuanto a temario, con mucha información nueva que asimilar y que aprender; entiendo que la mayoría de mis compañeros estén deseando tomar el aire. En mi caso, necesito un poco de aire fresco por más de un motivo, pero eso no se lo imagina nadie más que él.

Me tomo mi tiempo para ponerme la chaqueta y colgarme la bandolera, porque la parte más temeraria de mí me pide estar un rato a solas con César cuando todos se hayan ido. Sin embargo, las mismas dos chicas que cuchichean sobre él en las clases prácticas (seguramente en las teóricas también, pero por suerte no las tengo cerca para oírlas) lo abordan junto a su mesa y lo acribillan a preguntas sobre cosas tan simples que cualquiera se daría cuenta de que solo lo están haciendo para tener una excusa para hablar con él.

Intento disimular y hago ver que busco algo que se me ha caído entre los pupitres para quedarme más tiempo, pero no es suficiente, y estar más rato aquí parada fingiendo sería raro. Sospechoso. Me pondría nerviosa y terminaría delatándome yo sola. Así que me trago las ganas de hablar con él y me convenzo de que ya podré hacerlo más tarde, en persona o por mensaje. Y con mucha menos presión.

De modo que me dirijo a la salida sin poder resistir la tentación de mirarlo una última vez durante la mañana. Él parece sentir mi mirada y también se vuelve hacia mí. Es solo un segundo y ninguno de los dos sonríe ni hace nada más que observar al otro, pero me gusta el brillo fugaz que cruza sus ojos cuando los clava en mí y que desaparece al instante cuando continúa escuchando a mis compañeras.

Salgo del aula y aprieto los labios para contener la sonrisa bobalicona que amenaza incluso con hacerme gritar. Me meto en el coche y saco mi móvil para enviarle un mensaje, porque las ganas me superan, pero la sorpresa me la llevo cuando veo su nombre en la pantalla.

César: ¿Ha sido la clase más intensa de todas las que hemos tenido o solo yo tengo esa sensación?

Se me ha adelantado. Él tampoco debe de poder contener las ganas de comentar la clase de hoy, aunque no precisamente la lección que nos ha dado. Me concedo unas pequeñas risotadas y tecleo también.

Yo: Diría que en realidad esta ha sido la primera clase intensa, las anteriores fueron solo tensas.

César: Cierto. No podía parar de pensar en las ganas que tenía de subir hasta tu asiento y besarte.

Se me acelera el corazón.

Estoy segura de que el muy cabrito debe de estar en su despacho o de camino a este mientras sonríe con chulería porque sabe cómo me afecta que me diga esas cosas. Un escalofrío me recorre todo el cuerpo y siento ganas de chillar por la emoción contenida al imaginarme la escena de él dejando todo lo relacionado con la lección, subiendo los escalones del aula a zancadas e inclinándose sobre mí para besarme sin ningún tipo de contención.

Joder, qué calor otra vez.

Me abanico un poco con la mano y respiro hondo para mantener la compostura. Tardo unos pocos segundos en decidir qué contestar, pero, cuando lo hago, estoy segura de lo que digo.

Yo: Eres terrible. Ahora solo puedo pensar en que quiero que hagas eso mismo en cuanto nos veamos.

César: No te preocupes, es lo primero que haré nada más verte.

Sonrío y de nada sirve que me muerda el labio inferior para disimular. Es esa clase de sonrisas que no puedes ocultar.

Yo: ¿Sabes? Yo no dejaba de recordar todo lo del sábado.

Todo.

César: A lo mejor esta tarde podemos rememorarlo juntos..., si te apetece.

Enseguida se me enciende algo en el pecho y se me seca la garganta. Empiezo a sentir esa tirantez en las mejillas de tanto sonreír, pero no puedo dejar de hacerlo; es el efecto que tiene César en mí.

Trago saliva con fuerza y le respondo:

Yo: ¿En tu casa a las ocho?

Capítulo 26

César

Cualquiera pensaría que, después de una clase intensa (que no solo tensa), tanto Vera como yo nos habríamos hecho un poco a la idea de vernos en el aula y actuar con normalidad, sin que nadie notase la química ni las chispas que saltan cada vez que nos miramos. Sin embargo, lo cierto es que no es así, porque ahora somos conscientes de la electricidad y de lo que significa cada gesto y cada mirada o palabra que intercambiamos en este contexto, y los dos sabemos que no es algo simplemente relacionado con la pintura, no, sino de mucho más.

Y, sí, es verdad que es arriesgado y que parece que en cualquier momento a alguien se le encenderá la bombilla, fruncirá el ceño y le picará la nariz al ver algo raro y fuera de tono. La sospecha está ahí todo el tiempo, poniéndonos a prueba y esperando a ver cuándo flojeamos.

Aun así, no podemos negar que todo resulta mucho más excitante..., como, por ejemplo, la siguiente clase que compartimos, la del jueves en el aula práctica de pintura, que se vuelve de lo más interesante.

Nos saludamos con un «hola» cordial cuando Vera entra

junto con el resto de sus compañeros, antes de colocarse frente a su caballete de siempre. Aprovechamos los lienzos que rodean la clase mientras ella y los otros trabajan para evitar encontrarnos y ser productivos. Al menos aquí no tenemos un contacto visual tan directo como en el aula teórica. O eso pensábamos.

Lo que pretendía ser un modo de no tener al otro como distracción termina por ser una tortura. Aunque doy indicaciones y respondo a las preguntas que me hacen el resto de los alumnos, mi subconsciente no deja de buscarla o de pensar cómo estará llevando ella esta situación. Si estará siendo tan difícil para ella también o solo yo estoy sufriendo por no poder tocarla.

Apenas me acerco por su zona, solo cuando alguna de sus compañeras (las mismas que no paran de preguntarme cosas obvias o sobre mi vida personal) me llama y no puedo evitar ponerme a su lado. Después paso por detrás de Vera y la rozo con el brazo de forma disimulada, lo que hace que se tense con un escalofrío y yo tenga que aguantar una sonrisa divertida y granuja.

Masoquismo, lo llaman, sí, porque no solo estoy chinchándola a ella, también me estoy torturando a mí mismo.

Cuando finaliza la clase, todos dejan sus puestos limpios y recogen sus cosas con unas ganas inmensas de salir. Por mucho que sea una clase práctica y no se haga tan pesada como una teórica, es jueves y el maratón de clases de la semana ya ha hecho mella en ellos. Por mi parte, me quedo organizando el escritorio y metiendo mis apuntes y carpetas en mi bandolera mientras los alumnos se despiden con la mano o una sonrisa.

Todos menos una.

Igual que el otro día, Vera se ha tomado más tiempo para

recoger sus pertenencias y esta vez la jugada le ha salido bien: nos hemos quedado solos.

Levanto la cabeza de mi mesa y la veo colgándose su bolsa del hombro sin dejar de mirarme. Miro hacia la puerta, que alguno de sus compañeros habrá cerrado sin darse cuenta, y después vuelvo a ella.

—¿Tienes alguna pregunta sobre la lección de hoy? —le digo juguetón sin dejar de sonreír de medio lado.

La misma curva se dibuja en su cara mientras camina lentamente entre los lienzos hasta mi mesa.

—No, profe, ninguna.

—No hagas eso —le pido casi suplicante cuando está a un par de pasos de mí.

—¿El qué?

—Hablar como una niña buena.

La veo apretar los labios con diversión y eso solo me crea más necesidad de besarla. Después se acerca un poco más y yo me apoyo de espaldas al escritorio.

—Resulta que de los dos soy la buena, ¿sabes? No soy yo quien ha tocado la espalda del otro para ponerlo nervioso adrede.

Se me escapan un par de carcajadas.

—No lo he podido evitar —me disculpo sin mucha convicción—. A mí también me pone nervioso tenerte demasiado cerca.

—Ah, ¿sí?

Asiento con la cabeza, pero noto cómo se me seca la boca ante el tono juguetón que adopta. Algo me dice que los próximos segundos va a hacérmelo pasar muy mal.

—Y... ¿cómo de cerca tengo que estar para que eso se te note? —La voz insinuante no ayuda a calmarme, y ella lo sabe. No se me escapa el breve vistazo que echa a mi pantalón y al bulto que empieza a formarse ahí abajo. La cabrona sabe qué tecla tocar para provocarme—. Lo digo, más que nada, porque quizá tendríamos que poner un perímetro de seguridad entre nosotros.

Me cuesta pensar con claridad ahora mismo. Vera ha ido acercándose con pasos pequeños y lentos hasta que únicamente unos pocos centímetros separan nuestros cuerpos. Si quisiera incorporarme, chocaría con ella y eso provocaría una explosión dentro de mi cuerpo demasiado grande para lo que podemos permitirnos entre estas cuatro paredes.

—Estoy seguro de que esta distancia en particular no deberíamos tenerla —susurro sin apartar los ojos de ella; de su mirada desafiante y de sus labios ligeramente entreabiertos que me vuelven loco, como si me llamasen—. Pero también es cierto que ahora no hay nadie cerca.

Un brillo fugaz atraviesa su mirada mientras se muerde el labio inferior, lo que hace que a mí me hormiguee la lengua por necesidad de ella.

—¿Y eso qué quiere decir?

—Que... —extiendo una mano y la poso en su cintura, provocándole un ligero suspiro. No soy el único al que se le comienza a notar la excitación del momento— no pasaría nada si me extralimitase, ¿no?

Acerco la cara a su mejilla y voy deslizando la nariz muy despacio hasta su oreja, provocándole pequeños suspiros con ese roce tan liviano.

—¿Y si entrara alguien sin llamar? —dice con la voz entrecortada y excitada.

Separo los labios, pero no me da tiempo a susurrarle una respuesta porque, como si lo hubiera invocado, empezamos a oír voces por el pasillo. Cada vez más cerca. Y ambos sabemos que la única aula habilitada en esta zona es en la que estamos ahora mismo.

Nos tensamos de repente.

Vera da dos pasos hacia atrás y yo rodeo mi escritorio tan rápido como puedo para crear distancia entre nosotros y cubrir mi cintura; a estas alturas cualquiera se daría cuenta de la erección que tengo. La puerta no tarda en abrirse. Luis, otro profesor de Vera y con quien comparto despacho, asoma la cabeza y se sorprende al vernos.

—Perdona, César, creí que ya habías acabado tu clase.

—Sí, no te preocupes, solo es un minuto —contesto con tanta naturalidad como puedo. Me giro hacia Vera, que no ha dicho nada todavía—. ¿Lo entiendes mejor ahora? —le pregunto en un intento por simular una conversación sobre las clases.

Vera pestañea un par de veces, traga saliva y recupera la voz.

—Sí, mucho mejor. Gracias, César. Nos vemos el martes.

Me despido de ella con una sonrisa cordial, la misma que le dedico al resto de los alumnos, y la veo pasar apresurada al lado de Luis sin girarse hacia mí y perderse por el pasillo.

Acabo de recoger mis cosas rápidamente para no retrasar más a Luis y lo que sea que venga a hacer a esta aula, y salgo sonriéndole y disculpándome por haber ocupado parte de su clase. Llego a mi despacho, vacío, y me dejo caer derrotado en mi sillón. Me paso la mano por la frente y suspiro.

Nos hemos dejado llevar por lo arriesgado de la situación, por el morbo a ser pillados in fraganti, aunque sabíamos que no podíamos llegar demasiado lejos. Me recreo pensando en el roce de mi mano en la cintura de Vera, y su labio inferior atrapado entre sus dientes como si quisiera provocarme y estuviéramos tentándonos el uno al otro para ver quién sucumbía antes. Rememoro la sensación de mi nariz recorriendo su cara y su cuello, de su vientre casi tocando el mío y el efecto de ese contacto que todavía me dura y que he de bajar como sea antes de salir de nuevo del despacho.

Quizá Vera tiene razón y deberíamos poner un límite a estas provocaciones. O terminaré perdiendo la cabeza.

Sábado, 15 de octubre, 02.14 horas

Cuando César terminó el boceto de Vera —o al menos el primero de todos los que haría a partir de esa noche—, no estaba muy seguro de enseñárselo. Pocas veces había compartido sus creaciones con alguien a quien conociera desde hacía tan pocas horas, ya que consideraba sus dibujos una ventana hacia su mente y su forma de ver la vida o a las personas.

Sin embargo, también estaba esa conexión casi instantánea que había sentido con ella y la seguridad que le transmitía. Algo en su interior le decía que ella no lo juzgaría ni lo miraría diferente a como llevaba haciéndolo durante toda la noche. Estaba librando una batalla en su cabeza que no sabía cómo detener.

Vera solo se lo preguntó una vez y, al ver que él no se sentía del todo cómodo, no insistió. Entendía su postura sin necesidad de que él le explicase nada. Era algo muy personal, la manera en que veían las cosas, a las personas a su alrededor, y cómo decidían reflejarlas en el papel. Aunque la curiosidad seguía latente en ella, prefirió no agobiarlo.

—¿Desde cuándo dibujas? —le preguntó en un intento por cambiar de tema y destensar el ambiente.

—Siempre me ha gustado —confesó él relajando un poco los hombros y agradeciéndole internamente el espacio que estaba dándole—. Todos, desde pequeños, disfrutamos con los trazos y los colores, pero en algún momento dejamos de hacerlo y nos olvidamos de ellos, bien porque nos parece algo de niños o porque ya no tenemos tiempo. En mi caso, intentaba aprovechar cualquier minuto libre que tuviera en el colegio y en el instituto para pintar lo que fuera. Era mi momento de paz y desconexión.

»Fui a varios talleres de pintura y aprendí diferentes técnicas de dibujo siendo un adolescente, pero, aunque me encantaba crear cosas de la nada, seguía sintiéndome más vivo cuando lo hacía en mi cuaderno y se trataba de algo que eligiera yo. Me gustaba esa libertad que me daba de plasmar cualquier cosa, hasta las más inverosímiles. Sobre el papel todo era posible.

—¿Alguna vez has pensado en ponerte en contacto con alguna galería o algún profesional y dedicarte a esto?

César sonrió de medio lado y suspiró.

—Al principio lo pensé muy en serio, con la ayuda y la opinión de mis padres, que siempre me animaron a perseguir mis sueños sin olvidarme de tener un plan B. En la universidad llegué a enviar propuestas a varias salas de exposiciones de Madrid que había visitado, pero de muchas no obtuve respuesta y de otras llegaron rechazos tan educados que no pude siquiera enfadarme.

Un pinchazo de decepción al rememorar aquella época le atravesó la sonrisa, que tembló durante un segundo que a Vera no le pasó desapercibido. Un instante después, ya no estaba ahí. Vera supuso que había heridas que, aunque ya estaban curadas y cicatrizadas, seguían provocándonos una mueca cuando pasábamos el dedo por encima.

—¿Cuántos años tenías?

—Entre los veinte y los veintidós.

«Más o menos mi edad», pensó Vera. Ella no había tenido todavía el valor de iniciar un plan para llevar a cabo su sueño, pero no podía imaginarse tener que renunciar por completo a él en aquel momento, como le había pasado a César.

—No debió de ser fácil lidiar con todo aquello.

—Fue duro aceptarlo, sí, pero lo tengo superado.

La sonrisa que César le dedicó a Vera parecía sincera. Ella se la devolvió y siguió escuchándolo, atenta y fascinada.

—Lo dices con mucha madurez.

—Claro, soy más viejo que tú.

Ambos se rieron, cómplices, y se buscaron instintivamente sobre la tela del sofá.

—Creo que, si me ocurriese a mí, no lo llevaría tan bien.

—A ver, no fue llegar las cartas de rechazo y encogerme de hombros como si me diera igual —le explicó, jugando con los dedos de ella hasta que se enredaron—. Me llevó un tiempo y mucha rabia y lágrimas de frustración, pero... fue como pasar por un duelo. Lo negué, me enfadé, me culpé, lloré y al final no tuve más remedio que aceptarlo.

Vera asentía con la cabeza, asimilando sus palabras, con la mirada clavada en sus manos unidas. No paraba de pensar en lo maduro que sonaba César y en lo niña que se sentía en ese instante. Sabía que, si ella vivía esa misma situación en algún momento de su vida, no podría reaccionar así. Seguramente se quedaría estancada en la fase de la impotencia y el llanto.

—Eh —susurró César. Su silencio le había llamado la atención y se había dado cuenta de lo pensativa que se había quedado. Le puso la mano en la barbilla con suavidad y la obligó a mirarlo para ahuyentar cualquier pensamiento intrusivo de su mente—, es como todo cuando no sale como esperas. Nadie se muere por un rechazo así. Te duele y te jode, pero se sale adelante. Al final, siempre se sale.

La chica quedó hipnotizada de nuevo por el verde de sus ojos y la forma tan tranquila que tenía de hablar. Era algo que había descubierto a lo largo de la noche, pero de lo que no se cansaba a medida que pasaban las horas. César hablaba con tanta calma que Vera se sentía resguardada y segura. La hacía sentir protegida.

Las miradas de ambos quedaron enredadas durante un tiempo que ninguno supo determinar. Solo sabían que esa conexión los arrastraba hacia el otro sin que pudieran —ni quisieran— remediarlo.

César se inclinó lentamente hasta posar sus labios sobre los de ella, y ambos cerraron los ojos ante ese roce suave pero intenso en muchos sentidos. Él dejó el cuaderno sobre la mesa de café y se echó encima de Vera, quien separó las piernas para acogerlo entre ellas. Ambos sentían la necesidad de tocarse de nuevo, esa vez con menos prisa y de una forma más íntima.

Vera buscó aire para respirar mientras César continuaba besándole el cuello y la clavícula y acariciándola con devoción. Fue entonces cuando vio el cuaderno que él había tenido entre sus manos hacía un rato y el dibujo que había trazado de ella. Se vio a sí misma vestida con la camiseta que en ese momento César intentaba arrancarle, el pelo alborotado adornándole la cara mientras miraba los otros bocetos con una sonrisa de felicidad.

La misma felicidad que llevaba toda la noche teniéndola en una nube. Esa que temió que desapareciera cuando la noche terminara y la burbuja en la que se encontraban los dos explotase, llevándose todo por delante.

Capítulo 27

Vera

Silvia tenía razón: es emocionante el hecho de que nosotros sepamos lo que significa cada vez que nos miramos aunque sea tan solo un instante, mientras los demás no se dan cuenta de nada. Por no hablar del momento en que estuvimos a punto de romper la regla principal que nos habíamos impuesto y comernos a besos contra la mesa del profesor del aula de pintura.

La voz de mi cabeza que no paraba de repetir que eso estaba mal y que nos iban a pillar cada vez hablaba más bajito, eclipsada por la que decía que no pasaría nada por tensar la situación un poquito más solo por verlo tan excitado como estaba. No hemos vuelto a tener un momento tan cargado de intensidad como aquel, pero ha habido otras cosas que han hecho las clases de pintura todavía más interesantes.

El sábado por la noche, después de pedir una pizza a domicilio y comérnosla en el apartamento de César, lo comentamos entre risas y bromas tirados en su sofá.

—No te voy a engañar —dice limpiándose las manos y con una sonrisa divertida—. Hay veces que evito mirarte porque tengo la sensación de que tú me miras con muy malas intenciones, y eso me pone tan nervioso que se me seca la boca y empiezo a tartamudear.

—Hala —finjo estar ofendida y me llevo una mano al pecho—, qué gratuito. ¿Y qué culpa tengo yo de que pienses esas cosas? ¿Tan mala crees que soy? Te recuerdo que el otro día empezaste tú.

—¿No es así? —ignora mi última pregunta porque sabe que no le conviene—. ¿No piensas en nada en concreto cuando me miras en clase?

Aprieto los labios y aparto la mirada, aunque sé que no voy a poder esconderme mucho más tiempo. Ambos sabemos que sí, hay muchas cosas que a los dos se nos pasan por la cabeza cuando intercambiamos miradas en clase o en los pasillos, y ambos sabemos que no son aptas para los roles que debemos desempeñar allí.

—Es todo culpa de mi amiga Silvia —me defiendo sin demasiada convicción—. Hace días me metió en la cabeza unas imágenes que me vienen de repente cuando estamos en clase y me desconcentran. Además de que yo soy un libro abierto y enseguida me pongo roja y se me nota que estoy pensando en otra cosa.

—Ah, ¿sí? —César se acerca a mí, reptando por el sofá, con una expresión lobuna que me acelera el pulso y me hace vibrar—. ¿Qué imágenes?

—Unas no aptas para todos los públicos.

—Ya... En un rato igual te pido que me ilustres un poco más, no estoy seguro de entender a qué te refieres. A lo mejor hasta necesito una demostración práctica.

Me río por su forma sobreactuada de hacerse el tonto. Su rodilla ahora toca la mía, ambas flexionadas sobre el sofá, y su brazo sujeta su cabeza sobre el respaldo mientras yo he preferido apoyar la mejilla para mirarlo más de cerca.

—Así que tus amigas son mala influencia.

—Nos vamos turnando, en realidad. Así queda equilibrado.

No le digo la verdad, que la peor influencia es Silvia porque es la que está más chalada de las tres, que yo me dejo arrastrar a menudo por su impulsividad (aunque poco hace falta para convencerme de cualquier locura), y que la más madura y formal de todas es Andrea, que también hace las veces de voz de la razón y nos frena en planes descabellados que, incluso después, nosotras mismas nos damos cuenta de lo inviables que eran.

No se lo digo porque una parte de mí espera que en algún momento pueda comprobarlo por sí mismo. He llegado al punto en el que incluso quiero que conozca a mis amigas. ¿Qué me está pasando?

—En mi grupo todos tenemos un rol —continúa hablando él—: Rodri es el de la bragueta suelta; Carlos, el más empático, y Fran es una mezcla de los dos.

—¿Y tú?

—Yo soy el más normal, a decir verdad.

—¿El que se lía con una de sus alumnas es el normal? —me burlo de él por una vez y de inmediato me dedica una sonrisa ladeada como si quisiera decir que no tengo remedio—. No estoy segura de querer saber lo que esconden los otros tres.

—¿Te gustaría conocerlos?

Casi me atraganto con el sorbo de agua que estaba dando. De hecho, sí que me atraganto. Tengo que toser un par de veces y carraspear para que se me pase. Entonces me vuelvo hacia César. Él me mira entre preocupado y expectante, como si no supiera por dónde voy a salir.

¿Conocer a sus amigos? Siempre he pensado que los amigos son la familia que se escoge y que uno encuentra por el camino de la vida. Me parece algo importante cuando tienes algo con alguien.

De pronto me viene a la mente lo que yo misma he pensado hace un momento: yo también quiero que conozca a mis amigas. ¿Qué diferencia hay? Ninguna, en realidad. Lo cierto es que todo esto quiere decir que ambos estamos en el mismo punto, en el de querer que el otro forme parte de una faceta más de nuestra vida. Y eso es algo bueno y bonito, ¿no?

—¿Lo dices en serio? —le pregunto todavía con ciertas dudas.

—Solo si te apetece tomar algo con ellos —contesta César con tranquilidad, la misma que siempre me transmite cuando siento que estoy a punto de entrar en pánico—. El otro día Rodri me lo dejó caer. Si tú quieres, podemos quedar un día con ellos. También con tus amigas. El mismo día u otro.

Lo veo encogerse de hombros con tanta calma que algo cálido se expande por mi pecho. Tal vez no pueda acallar del todo esa voz que me repite que esto es un paso grande y serio, pero sí puedo confiar en César y repetirme que solo es una quedada normal entre amigos. Para conocer a gente que es importante para el otro.

—Vale —respondo finalmente.

Él me mira y sonríe con un brillo en los ojos que hace que se me escape un latido y al mismo tiempo me contagie de esa ilusión que sé que él está conteniendo. Su mano busca la mía sobre el sofá y nuestros dedos se entrelazan con decisión y fuerza. Después, César se inclina para darme un beso tierno en la mejilla que me hace sonreír.

Seguimos charlando de todo y de nada, de sus amigos y las mías, de nuestras familias... Con César siento que puedo hablar de cualquier cosa, me da seguridad y comprensión. Creo que puedo contarle todo sobre mí, hasta esas pequeñas cosas que me hacen sentir insegura, y que él me entenderá o intentará hacerlo sin juzgarme.

Quizá sea un buen momento para hablarle de ese miedo que vive en mi cabeza desde aquella primera noche y dejarlo salir de una vez. Tal vez así, exponiéndolo, se haga más pequeñito.

—¿Puedo hacerte una pregunta? —me lanzo después de que hayamos recogido el salón y la cocina y nos hayamos acoplado de nuevo en su sofá con la intención de ver una película que todavía no hemos decidido.

—Claro, las que quieras.

Me muerdo el labio inferior un segundo y decido no darle más vueltas y soltarlo directamente.

—¿Alguna vez tienes miedo?

César me mira pestañeando varias veces, entre sorprendido y sin comprender.

—¿A qué te refieres exactamente? Tengo miedo de muchas cosas.

—Quiero decir de lo que no podemos controlar. Lo que depende de otra persona, pero que nos afecta a nosotros también.

César deja el mando de la televisión sobre la mesita de café y se gira hacia mí para prestarme más atención.

—¿Como qué?

—Pues... —Es la primera vez que hablo de esto y no sé cómo enfocarlo ni cómo expresarme—. Pues... —repito, pero sigo sin saber cómo continuar.

—A ver —César se acerca de nuevo a mí y coge mi mano entre las suyas, cálidas, antes de hablarme con voz pausada para no fomentar mi ansiedad de este momento—, si hablas de lo que creo, no hay manera de no tener miedo.

»Las relaciones entre las personas son inciertas y no sabes

cómo van a salir hasta que ya es tarde y lo tienes encima, pero eso también es parte de lo que significa vivir. Arriesgarse, confiar, ir a ciegas. No es malo tener miedo, excepto cuando dejas que te haga huir de algo que sabes que te importa y que quieres.

Asiento con la cabeza y aprieto los labios. Me gustaría decir algo más y expresar cómo me siento para que me entienda completamente, pero es tan difícil que las palabras se me atascan en la garganta.

—Vera... No sé de dónde te viene ese miedo al compromiso y a que te hagan daño, pero...

—Sí lo sabes —lo interrumpo en un susurro agachando la cabeza. De repente siento vergüenza por lo que estoy a punto de decir, como si fuera algo infantil. Pero la verdad es que me ha marcado toda la vida y me gustaría compartirlo y superarlo con él. Deseo con todas mis fuerzas que eso pase. Trago saliva y suspiro antes de continuar—: He visto a mi padre tratar a mi madre como si no valiera nada después de jurar que la quería. La he visto llorar, sufrir y sangrar por amor. Y yo... no quiero eso. Si eso es el amor, no lo quiero para mí.

—Es que no lo es. —Su voz suena decidida, pero no alza el tono. Solo sigue acariciándome las manos para transmitirme calma—. Aunque tu padre dijera que quería a tu madre, no era cierto. Si le hizo todo eso, no la quería de verdad. Eso no es el amor —repite apretando mis dedos con suavidad, intentando convencerme—. De hecho, es todo lo contrario. Querer a alguien es cuidarlo y respetarlo. Incluso cuando se discute. Es entenderlo o intentar entenderlo porque esa persona ha confiado en ti. Es al revés: es confiar y tratar de comprender a la otra persona. Respeto mutuo. Respeto.

»No sé si nosotros llegaremos a esa palabra alguna vez, pero te puedo asegurar que, si hace sufrir a alguien, no es amor. Porque el amor no es feo, ni duele, ni hace llorar. Me gustaría mucho hacerte ver eso si me dejas demostrártelo.

Levanto la mirada y la clavo en él. En sus ojos verde hiedra que siempre me dan paz mental y siempre me encuentran en el enorme bosque de miedos que tengo en la cabeza. Como ahora.

Suelto todo el aire que estaba reteniendo por la nariz y sonrío, notando mucha menos tensión en los hombros gracias a él.

Todavía no ha desaparecido todo el miedo; eso es algo que el tiempo dirá, pero, por ahora, sé que en César puedo encontrar un puerto, un refugio, un lugar donde resguardarme y dejar de temblar.

Capítulo 28

César

La conversación que Vera y yo mantuvimos ayer por la noche me abrió mucho los ojos.

Hasta entonces no sabía por qué se mostraba tan reacia a tener algo con alguien —conmigo, para ser más exactos—, hasta que me recordó todo lo que había sufrido con sus padres, las cosas que vio y esos sentimientos de temor e inseguridad que se clavaron en ella. No había asociado una cosa con la otra, pero tiene todo el sentido que ese trauma haya desembocado en un miedo al compromiso extremo en ella y ahora no se atreva a tener más que un rollo de una noche, aunque sea algo que desee de verdad.

Aun así, creo que pude calmarla y darle un pequeño impulso para que dejara de pensar que nosotros íbamos a terminar sufriendo también. No lo sabe. Yo tampoco lo sé, pero quiero apostar a que saldrá bien. Piensa en positivo y atraerás lo positivo.

Lo que vivió es muy duro y es lógico que se haya permitido estar mal un tiempo, quizá unos años, para gestionar ese trauma y dejar salir toda esa negatividad, pero después hay que seguir adelante. No hay que dejar que el miedo nos retenga. No va a desaparecer de la nada, pero al menos no le estaremos dando el poder de nuestros actos ni nos impedirá vivir plenamente.

Después de que el ambiente se relajase, volví a preguntarle por sus amigas y por cómo se conocieron. Eso la distrajo y regresaron las bromas y comentarios jocosos entre nosotros. Después todo desembocó en risas, golpes suaves por burlarnos el uno del otro y roces que nos encendieron a los dos. Acabamos desnudos y enredados en el suelo del salón, tapados con una manta hasta que Vera tuvo frío y nos fuimos a la cama.

Nos dormimos tarde y abrazados. De nuevo, esta mañana me he despertado con su aroma impregnándome las fosas nasales y, entre eso y su piel caliente contra la mía, ha sido de los mejores despertares de mi vida. Me quedo un rato enroscado en ella, sintiendo y degustando el calor de su cuerpo pegado a mí, hasta que me entran ganas de ir al baño.

Me deslizo lentamente por las sábanas para no despertarla y salgo de la habitación dejando la puerta entreabierta. Cuando regreso y echo un vistazo, compruebo que Vera sigue encogida en la misma postura; me dirijo a la cocina con la intención de preparar el desayuno. Estos días con ella me han servido para aprender cómo le gusta empezar el día, así que voy a emplearme para hacerla sonreír cuando se despierte.

Sin embargo, el timbre de la puerta me sobresalta y lo primero que me viene a la cabeza es quién podrá ser y que espero que no sea alguno de mis amigos, porque a Vera le resultaría bastante incómodo conocerlo en estas circunstancias después de lo que hablamos anoche. Me acerco a la entrada esperando que el estruendo no la haya despertado y echo un ojo por la mirilla.

Joder.

Casi habría preferido que fueran Fran o alguno de estos.

La mano derecha de mi madre se mueve de un lado a otro, saludándome con una sonrisa, cuando se da cuenta de que estoy mirándola. Se me acelera el corazón al instante y casi me mareo.

Hace tiempo que no le hablo a mi madre de ninguna chica, desde la última relación estable que tuve. Si en algún momento llegase a hablarle de Vera y lo que tenemos, desde luego no habría escogido esta situación: con ella tumbada en mi cama, medio desnuda, después de pasarnos la noche..., pues eso.

—Venga, hijo, que sé que estás ahí.

Adiós a la opción de hacerme el dormido.

Suspiro y respiro hondo una vez antes de aceptar que tengo que abrir la puerta y recibir a mi madre con el cariño que se merece, a pesar de que yo esté más tenso que cuando era un adolescente y me pillaban en su casa con una chica.

—Hola, mamá —la saludo con una sonrisa, y le doy un beso en la mejilla cuando se acerca a mí.

—Ay, cariño, ya sé que es domingo y es tu día de descanso. Espero no haberte despertado. No te preocupes, que no voy a robarte mucho tiempo.

—No... No pasa nada —intento quitarle hierro al asunto un poco apurado y me rasco la cabeza. Echo un vistazo rápido a la puerta de mi habitación, esperando que Vera no se despierte antes de que mi madre se marche—. Ya estaba levantado.

—No me voy a quedar mucho, tranquilo. Es que tu padre y yo hemos ido a desayunar a la plaza y he pensado que a lo mejor te apetecían unos churritos —dice moviendo la bolsa marrón que lleva en la mano.

No había caído en ella ni tampoco me había llegado el olor hasta ahora que lo ha mencionado. Se me ha olvidado la última vez que desayuné churros y chocolate, así que solo de pensarlo se me hace la boca agua.

—Gracias —respondo cogiendo la bolsa con una sonrisa—. ¿Y papá?

—Me está esperando abajo. Ha dicho que seguramente te despertaría y te pondrías de mal humor y que no quería que lo pagases con él cuando en realidad ha sido idea mía venir.

—Vaya ogro pensáis que soy —murmuro abriendo la bolsa y viendo que también hay un pequeño bote de plástico con chocolate aún caliente.

—Bueno, hijo, viendo los gruñidos de cuando eras pequeño...

Esperaba que mi madre terminase la frase de algún modo y, de hecho, cualquiera pensaría que no hacía falta que dijera nada más para saber cómo eran mis despertares de niño, pero no ha sido un corte para dejar a la imaginación. No. Ha sido una pausa de «Algo ha llamado mi atención y se me ha olvidado lo que iba a decir».

Levanto la cabeza para darme cuenta de que mi madre está mirando algo situado detrás de mí. Y entonces pienso en Vera y se me tensa de nuevo la espalda.

Me giro muy despacio, rogando que no sea a ella a quien está mirando con esa expresión de asombro y los labios entreabiertos, aunque tengo claro que no hay muchas más opciones. Efectivamente. Ahí está: con su pelo castaño despeinado y los ojos aún entrecerrados e hinchados. Menos mal que antes de salir de la habitación se ha puesto su pijama, porque lo único que haría esto más incómodo sería que mi madre viera a Vera en paños menores.

Me retumba el pulso hasta en los oídos y mi cabeza me pide que diga o haga algo para que este silencio deje de gritar tanto, así que me obligo a respirar hondo y sonreír a Vera con una disculpa silenciosa.

—Vera, ella es Amelia, mi madre. —Después me giro hacia esta—. Mamá, ella es Vera...

Me gustaría añadir algo más, pero, teniendo en cuenta que no quiero que Vera se asuste si digo que es mi novia o si la presento solo como una amiga (lo cual sería absurdo porque los tres sabemos que no es así), decido callarme.

Todavía pasan unos pocos segundos, y luego es mi madre la que toma el control de la situación y yo puedo respirar por fin.

—Encantada, Vera —la saluda con una sonrisa amable.

Ella sale por completo de mi habitación, dejando la puerta abierta del todo esta vez, atusándose un poco el pelo, y se acerca a donde estamos entre nerviosa y torpe. Le tiende la mano a mi madre y le devuelve la sonrisa educada.

—Igualmente.

Mi madre le estrecha la mano y después se vuelve hacia mí.

—Si lo llego a saber, habría traído más churros —bromea, y yo siento ganas de abrazarla del alivio.

—No hacía falta que trajeras nada, pero gracias.

—Os dejo que desayunéis tranquilos, no quiero hacer esperar mucho a tu padre.

Asiento con la cabeza y le sonrío agradecido por que no haya hecho todo esto mucho más incómodo, aunque sé que en algún momento, cuando estemos a solas o yo vaya a verlos, me preguntará por Vera y querrá saber los detalles.

—Que aproveche —se despide dedicándole a Vera una nueva sonrisa.

Le doy un beso en la mejilla y cierro la puerta cuando la veo desaparecer escaleras abajo. A continuación me vuelvo hacia

Vera, que sigue en el mismo sitio sin moverse y me mira tan pálida que no sé si reírme o asustarme.

—¿Acabo de conocer a tu madre? —me pregunta adoptando una expresión de escepticismo que me hace sonreír.

—Acabas de conocer a mi madre.

No puedo contener la ligera carcajada que se me escapa al darme cuenta de lo surrealistas que han sido los últimos minutos. Solo cuando veo que Vera también sonríe y parece estar conteniendo la risa, me permito relajarme y reírme yo también. Ella no tarda en unirse a mis carcajadas.

Por un momento había pensado que se asustaría y tendría que recordarle que el ritmo lo marcamos nosotros, que esto no cambia nada ni hace que lo que sea que tengamos sea más serio todavía. Sin embargo, que ella también se lo tome con humor me calma a mí y me ayuda a ver que esto puede avanzar y salir adelante.

Después de desayunar juntos en mi salón, nos vestimos y bajamos a la calle. Vera tiene bastantes cosas que hacer de la universidad, así que la llevo a casa en moto y nos despedimos en su portal muy a regañadientes, con esos últimos besos que nunca lo son y sonrisas y miradas que hacía mucho tiempo que no le dedicaba a nadie.

—¿Hablamos por la noche? —me pregunta después de abrir la puerta del portal y tener ya medio cuerpo dentro.

Yo asiento con la cabeza.

Durante toda la semana hemos cogido la costumbre de hablar por teléfono justo antes de irnos a dormir y lo cierto es que, desde que adoptamos esa rutina, descanso mucho mejor. Ella también, por lo que me ha dicho, y yo lo he notado en que no ha vuelto a tener esos tics en el ojo.

Nos damos un último beso, queriendo alargar el momento, y entonces la veo desaparecer a través del cristal cuando sube las escaleras. Regreso a la moto y unos minutos después vuelvo a entrar por la puerta de mi apartamento. Dejo las llaves, me quito la chaqueta y me siento en el sofá a mirar el móvil.

Es entonces cuando, entre todas las notificaciones que tengo pendientes, veo una que me llama la atención. Y que me seca la garganta al instante.

Desconocido: Hola. ¿Qué tal? Espero que todo vaya bien. Quería decirte que estoy pasando unos días en Cuenca para ver a mi familia y me preguntaba si querrías tomar algo conmigo y ponernos al día. Ya me dices lo que sea, ¿vale? Tengo ganas de verte. Un beso.

Sábado, 15 de octubre, 02.36 horas

—¿Son tus padres? —le preguntó Vera deteniéndose en una foto en concreto en la que aparecía una pareja que compartía rasgos con César a ambos lados de él, que iba vestido con una túnica negra y un birrete a juego.

Llevaba un buen rato curioseando los muebles y las fotografías de familiares que César tenía expuestas en el salón. Vio imágenes de cuando era pequeño, risueño y travieso, y algunas con su familia en una actitud mucho más comedida y de niño bueno.

—Esa es del día de mi graduación. —César se acercó a Vera y la abrazó por la cintura, apoyando la barbilla en el hombro de ella y propiciando esa cercanía a la que ya ninguno de los dos quería renunciar—. Cuando terminé la universidad.

—¿Estudiaste aquí?

—A distancia. Así pude trabajar para pagar las tasas universitarias, que no son precisamente baratas, y ayudar a mis padres.

Vera eso lo sabía bien. Había descartado ir a la universidad porque no quería que su madre cargase sola con ese gasto y, aunque ella hubiera encontrado un trabajo con el que compaginar los estudios, no estaba segura de que hubiera podido pagarlas. Sin embargo, cuando le concedieron una beca, estudiar volvió a ser el plan principal y aprovechaba esa oportunidad desde entonces.

—¿De qué trabajabas? —le preguntó para continuar conociéndolo.

—De camarero en un hotel. No tenía mal sueldo y el horario era flexible, así que me vino bien.

—Si hablas en pasado, supongo que ya no sigues ahí. —Vera se dio cuenta de que, a pesar de haber pasado casi toda la noche juntos, no habían hablado de su trabajo, y de pronto sentía mucha curiosidad por esos aspectos de su vida que aún no había descubierto—. ¿Por qué?

César se apartó de ella y le dio la espalda. Era un tema complicado y, aunque hacía tiempo que lo había superado, no le gustaba recordar todo lo que había experimentado en aquella época. Se trataba de una etapa de su vida que no hacía mucho tiempo que había terminado y que había sido demasiado intensa. A veces no hace falta que algo dure años para marcarte, solo que te haga sentir más de lo normal. Y eso fue lo que le ocurrió a él.

Sin embargo, y a pesar de que conocía a Vera desde hacía solo unas pocas horas, no sintió ese recelo a hablar de una parte tan íntima de sí mismo que normalmente aparece con un desconocido. Porque Vera para él ya no era una desconocida, sentía que sabía más de ella que de muchas personas que llevaban años en su vida. Y quería que ella lo conociera también hasta ese punto.

—Lo dejé con la que era mi novia —confesó—. Ella también trabajaba en el hotel, en la recepción.

Vera entonces se dio cuenta de que no era algo sencillo y no quiso forzarlo. Se movió despacio para ponerse delante de él para abrazarlo por la cintura y mirarlo con toda la comprensión que pudo.

—Si no quieres hablar de ello...

—Nunca se quiere hablar de estas cosas —reflexionó César levantando la mirada hacia ella—, pero a veces es necesario.

Vera lo observó en silencio, con una pequeña sonrisa que pretendía transmitirle calma y confianza. A ella también le había costado hablar de su pasado, de su padre y lo que habían vivido su madre y ella, pero con César se sentía cómoda para hablar de prácticamente cualquier cosa, y esperaba que él se sintiera de la misma manera con ella.

Ambos se dirigieron al sofá de nuevo y se sentaron uno junto al otro. A César, decidir por dónde empezar le llevó un par de minutos que Vera esperó en silencio y con paciencia. Después él suspiró y comenzó a contárselo.

—Se llamaba Judith y tenía un año menos que yo. Ella había estudiado un grado superior de Gestión de Alojamientos Turísticos y era la recepcionista del hotel. Éramos pocos los que teníamos la misma edad, así que entre nosotros formamos un buen grupo de amigos. Quedábamos para tomar algo de vez en cuando, nos mandábamos mensajes... Esas cosas. Judith y yo nos llevábamos muy bien y hablábamos más a menudo. Empezamos a tontear tanto en persona como por WhatsApp y a echarnos miraditas y rozarnos cuando los demás no estaban atentos.

»Si no hubiera sido por ella, que se lanzó, no habríamos tenido aquella primera cita. Comenzamos a salir y yo... me enamoré tan rápido de ella que, a los pocos meses, no dudé en pedirle que viviéramos juntos. Era la primera pareja seria que tenía y me daba miedo ir demasiado deprisa, pero me limité a seguir mis impulsos. Judith aceptó y alquilamos este apartamento con toda la ilusión del mundo. Creíamos que sería nuestro hogar durante muchos años y que aquí formaríamos nuestra vida.

Vera echó un vistazo a su alrededor como si pudiera ver algún rasgo de aquella época que era desconocida para ella. No quería imaginarse la cantidad de recuerdos que debían de contener esas paredes ni cómo debían de atacar a César en las ocasiones en las que se sentía más vulnerable.

—Vivimos aquí tres años, y todo nos iba tan genial que le pedí que se casara conmigo.

Vera abrió los ojos como platos. No lo comentó en voz alta, pero supuso que serían muy jóvenes por aquel entonces. Ella apenas tenía diecinueve y, aunque sabía que quería pasar por el altar en algún momento de su vida, no pudo imaginarse a sí misma haciéndolo con veintipocos.

—¿Te dijo que no? —preguntó con cautela, deduciendo que su relación había terminado a raíz de aquello.

—Al contrario. Dijo que sí —contestó César después de un suspiro—, pero creo que fue ahí cuando todo comenzó a caer en picado.

Vera entrelazó los dedos de él con los suyos y apretó su mano con suavidad pero con firmeza. Quiso transmitirle esa calma que había calado en ella gracias a él frente a la catedral, cuando le había hablado de su familia y le había mostrado esa herida que creía que nunca llegaría a sanar. Él le devolvió el apretón y le dedicó una breve sonrisa antes de continuar.

—Empezó a estar más tirante, con contestaciones cortantes y ariscas que yo no comprendía... y, en lugar de hablarlo con ella e intentar solucionarlo, me dejé contagiar de ese mal humor. Nos enfadábamos por tonterías, como por quién tenía que recoger el tendedero o por no haber repuesto el rollo de papel higiénico. Hubo un día que llegamos a un nivel tan extremo que me tiró el anillo que le había regalado y se marchó de casa dando un portazo.

»Todo ese cabreo se desvaneció al rato por la inquietud de dónde podía estar. La llamé mil veces, pero siempre lo tenía apagado. Era de madrugada y en pleno invierno. Me dije que se habría resguardado en alguna parte o ido a casa de alguna de sus amigas, pero no pude evitar tener el corazón en la garganta de la preocupación y ella..., a ella le dio igual. No dormí en toda la noche, aquí sentado, tirándome del pelo por los nervios.

»Vi pasar todas las horas del reloj y el sol salir. Estaba agotado, pero no conseguía apagar mi cabeza. A mediodía oí la llave de la puerta y salí corriendo para verla entrar con el maquillaje corrido y todavía la expresión acongojada de la noche anterior. Le pregunté qué había ocurrido, si estaba bien, pero ella solo negó con la cabeza y me pidió perdón con la voz entrecortada, justo antes de ponerse a llorar de la forma más desconsolada que le había visto nunca.

»Yo le dije que la perdonaba, pero que no volviera a irse así. Fue cuando me aclaró que no se refería a la discusión, sino a cómo había reaccionado y lo que había hecho. —César respiró hondo y soltó todo el aire por la nariz antes de añadir—: Había otro tío del grupo del hotel que también estaba un poco colgado por ella, y Judith, aunque nunca le había dado pie a nada, no lo había frenado cuando hacía comentarios fuera de lugar. Esa noche, la que discutimos y se fue de casa, se acostó con él.

Vera no supo qué decir. Los pocos novios que había tenido apenas podían considerarse como tal por la brevedad de la relación. Nunca se había encontrado en una situación de infidelidad y traición como la que le describía César. Debía de haber sido muy doloroso que destrozasen su confianza.

—Hablamos largo y tendido del tema e intenté entender por qué lo hizo. Te juro que lo intenté. Pero no pude. El único motivo que se me ocurrió para que hiciera aquello fue despecho y venganza, y me dolió que quisiera hacerme daño de esa manera tan ruin, aunque luego se arrepintiera. El pensar que era capaz de eso para herirme me hizo verla con otros ojos, de un modo que ya no pude abandonar.

Vera esperó a que él continuase, pero, cuando se dio cuenta de que no lo iba a hacer, fue ella quien concluyó:

—Entonces fue cuando rompisteis.

César asintió con la cabeza muy despacio.

—Al principio le pedí espacio y tiempo para pensar y decidir qué quería y necesitaba, para ordenar mis pensamientos e identificar qué estaba sintiendo, pero al cabo de una semana tuvimos otra charla en la que decidimos poner punto final a esa relación. Yo me quedé en el piso y ella se marchó a Madrid para seguir estudiando. No he vuelto a saber nada de ella.

Ambos se quedaron en silencio. César, recordando el remolino de sensaciones negativas que experimentó en aquel momento, y Vera, sin saber qué decir para descargar la tensión que había impregnado el ambiente.

No sabía lo que era pasar por todo aquello, creer que esa persona es la que te va a acompañar durante el resto de tu vida y que resulte que todo se desvanece en cuestión de segundos. No tenía ni idea de qué se sentía en esa situación, pero sabía que no era algo que se olvidase con el tiempo. Podía verlo en la expresión de César.

Al final él apretó la mano de Vera y, cuando ella lo miró,

intentó sonreír con naturalidad. No iba a permitir que aquellos recuerdos empañasen la noche que estaban compartiendo.

—Es pasado. Y, como decíamos antes, tiene que quedarse ahí y no condicionar ni el presente ni el futuro.

Vera asintió con la cabeza y le devolvió la sonrisa antes de alargar el cuello y darle un beso en la mejilla.

—¿Te apetece que durmamos un poco? —le preguntó César.

—Todavía no —contestó ella apoyando la mejilla en su hombro—. Quiero saber más de ti. Todo.

Capítulo 29

César

Le paso el móvil a Fran, que lee el mensaje para sí con Carlos a su lado, y medio minuto y una expresión de no entender nada después, él se lo quiere dar a Rodri, quien lo rechaza con la mano y, negando con la cabeza, dice:

—No quiero leerlo, porque me voy a cabrear. —Entonces se gira hacia mí con el ceño fruncido—. ¿No la tenías bloqueada?

—Sí, pero debe de haber cambiado de número y me ha escrito desde ese, supongo.

Ayer por la tarde, cuando vi el mensaje por primera vez, ni siquiera lo abrí. Lo dejé ahí y traté de ignorar la presión en el pecho que me había creado de un momento a otro. Necesitaba tiempo para pensar y pedir consejo a mis amigos. Ellos vivieron toda la historia conmigo y saben por lo que pasé durante aquello y después, y me ayudaron a superarlo.

No es que el hecho de que Judith me haya escrito me perturbe y haga renacer lo que un día sentí por ella. No es así, porque tengo claro que ya no albergo esos sentimientos de devoción y adoración que tenía hacia ella. Se trata de lo inesperado de esta situación, de lo poco oportuna que ha sido al enviarme un mensaje justamente cuando Vera y yo estamos tan bien. Como si tuviera un radar y hubiera sabido que este era el instante perfecto en el que más me desestabilizaría volver a saber de ella.

—¿En qué piensas? —me pregunta Fran sacándome de mis reflexiones.

Suspiro y se lo cuento. Que me preocupa que esto pueda agrandar la inseguridad que siente Vera por lo nuestro y que volvamos al principio, a cuando solo con mirarme le entraban ganas de salir corriendo. Que a mí no me afecta de la forma en que cabría esperar, solo me tensa porque no quiero que lo mío con Vera se vea perjudicado. Que no me apetece una mierda contestarle a ese mensaje, pero que si no lo hago quedaré como el culo y como un despechado rencoroso que no la ha superado, algo que no soy.

—No se lo cuentes a Vera, entonces. —Rodri se encoge de hombros—. Es un mensaje sin más, le dices que estás muy ocupado, te la quitas de encima y no preocupas a la chiquilla.

—No la llames así —digo arrugando el gesto—, parezco un asaltacunas.

—Hombre, un poquito igual sí lo eres —se burla Fran de mí.

—Que os den a los dos.

—¿Qué te dijo Amelia después de que se vieran? —bromea Carlos, recordándome el encuentro de Vera y mi madre.

—En el momento, nada. Cuando fui a verlos a los dos días, no paraba de repetir que la encontraba guapísima y que cuántos años tenía porque parecía muy joven —contesto pasándome la mano por la cara—. Evité responder a eso como pude porque sabía lo que vendría después.

—¿Que cómo podías hacerle esas cosas a una chiquilla? —Fran aprovecha para burlarse tanto de mí como de Rodri y su vocabulario.

—Exacto.

—Tío, es que, piénsalo —interviene Rodri tan serio que me asusto—: cuando tú empezabas a tocártela, ella acabaría de nacer.

—No empecé a masturbarme hasta los doce o así, no te pases.

—Masturbarte, no, pero a decir «Uy, esto da gustito».

—Qué conversación tan desagradable de repente —murmura Fran con cara de asco.

—¿Podemos volver al tema de Judith y a qué debería hacer con este mensaje? —les pido casi suplicando.

—A ver, en realidad todo se reduce a lo que tú quieres hacer —interviene Carlos, recuperando su tono habitual y siendo la voz de la cordura—. ¿Quieres quedar con Judith?

—Me apetece tanto como cortarme un brazo.

—Pues entonces escríbele lo que te ha dicho Rodri: que no puedes, que el curro te tiene absorbido y quedas bien. Punto. Eso por un lado. Ahora, ¿quieres contarle a Vera que tu ex te ha escrito?

Lo pienso un poco. Por querer, no es mi tema favorito para hablar con ella. Ya le conté la primera noche que pasamos juntos cómo fue mi relación con Judith, cómo nos conocimos y cómo terminó todo; no me apetece revivirlo. Sin embargo, la otra opción, la de callármelo, me crearía una culpabilidad que no podría soportar y me sentiría como si estuviera mintiéndole. Si quiero que ella sea sincera conmigo y me hable de sus sentimientos, tengo que corresponderle y no puedo limitarme a compartir con ella solo las cosas buenas.

—Creo que sí.

Carlos me señala con ambas palmas hacia arriba.

—Ahí lo tienes. Quieres ser transparente con ella y eso está bien. Si Vera es madura, entenderá que lo haces porque no quieres que haya secretos entre vosotros, aunque sean sin fundamento.

—El maduro es él —sigue Fran con la coña—, que es quien se tira a una de sus alumnas.

Le lanzo un cojín a la cara con tanta fuerza que lo oigo quejarse. Cuando lo aparta, me fulmina con la mirada y me enseña el dedo corazón antes de devolverme el ataque, que esquivo y el cojín termina en el suelo. Después, la conversación se destensa y charlamos de otras cosas más banales mientras una parte de mi cerebro no deja de pensar en cómo voy a abordar el tema de Judith con Vera.

El martes por la tarde me paso por casa de Vera porque ayer no nos vimos en todo el día, y esta mañana en la universidad ha sido una verdadera tortura. Ha sido incluso peor que el primer día, cuando no sabíamos qué iba a pasar o cómo íbamos a reaccionar a esa distancia entre nosotros. Querer sonreírle como lo hago en privado y no poder ha resultado misión imposible. Normalmente ya es una mierda, pero hoy ha sido una pesadilla.

Cuando abre la puerta y me recibe con esa emoción y ese brillo en los ojos que me contagia siempre, se me pasa toda la ansiedad. La saludo con un largo beso en los labios que la hace reír y paso a su apartamento.

—¿Qué tal estás? —le pregunto sentándome a su lado en el sofá.

—Bien, un poco estresada con la universidad, pero voy tirando —dice encogiéndose de hombros y posando su mano en la mía, que había empezado a acariciar su pierna.

—Si necesitas que te ayude con algo, solo tienes que decírmelo.

—No —responde rotunda—, bastante es ya que seas mi profesor en la facultad y no pueda besarte allí. —Vera se acerca más y, apoyando las manos en el respaldo a mi espalda, se coloca a horcajadas sobre mí—. Sería horrible que tampoco me lo permitieras en mi propia casa. Sería muy cruel.

Mis manos van de manera instintiva a sus caderas mientras las suyas deambulan por mi pelo, enredándose y acariciándome por todas partes. Cierro los ojos, respiro tranquilo y me dejo tocar; he descubierto que el hecho de que Vera me toque la cabeza es de las cosas que más me relajan, y ella lo sabe, por eso lo hace cada vez más a menudo.

—Tampoco es fácil para mí verte entre los alumnos y solo saludarte con un «hola» —susurro—, cuando en realidad lo que me gustaría...

—Cuando en realidad lo que te gustaría... —repite en cuanto dejo la frase en el aire con lo que intuyo que es una sonrisa de niña traviesa.

Una de mis comisuras se curva hacia arriba en esa expresión canalla que sé que le encanta. Abro los ojos para encontrármela mordiéndose el labio inferior de esa forma que me vuelve loco y me acerco a su oído para murmurar con tono sensual:

—Cuando en realidad lo que me gustaría sería cogerte de la nuca y besarte con tanta fuerza que te dejara sin aliento.

La noto estremecerse bajo mis dedos y eso hace que me entre mucho calor de repente.

—Uh... —susurra con voz excitada—. Eso suena muy bien. Podríamos probarlo ahora.

Me separo lo justo para mirarla a los ojos y ver que ella también tiene la mirada oscurecida.

—¿Qué pasa? ¿Hoy te has levantado juguetona?

—Contigo siempre me apetece jugar. —Su sonrisa lasciva se torna tierna cuando continúa—. O hablar. Estar juntos en general. Solo verte ya me arregla cualquier día horrible. Me hace olvidar lo malo que haya podido pasar. Eres... como mi lugar seguro. Un mar en calma en un soleado día de playa.

Las cejas se me disparan hacia arriba.

—Vaya, qué imagen tan gráfica. ¿Has probado a pintarlo?

—No. ¿Crees que debería?

—Sería interesante que intentaras plasmar no solo lo que te piden en clase, también las imágenes mentales que te vienen cuando estás en un sitio o con alguien en particular. Reflejar esas emociones. Es lo que hace que las obras tengan alma, que haya algo, un sentimiento o una intención genuina detrás.

Vera asiente con la cabeza, sopesando la idea. Al final sonríe de nuevo y me da un beso breve en los labios.

—Creo que lo probaré y veré qué sale.

—Me muero por ver cualquiera de tus trabajos.

Vera me da las gracias por animarla a seguir aprendiendo y creciendo y se baja del sofá. Va hacia la cocina diciendo que necesita comprar no sé qué materiales para una clase, pero no la oigo bien por la distancia. Aun así, tampoco presto demasiada atención, por estar perdido en mis pensamientos.

Tenía intención de enseñarle el mensaje de Judith y decirle que no pensaba quedar con ella porque lo último que necesito es a mi exnovia calentándome la cabeza con frasecitas como «Tengo ganas de verte». Sin embargo, y aunque es así como pienso actuar siguiendo el consejo de mis amigos, opto por no decírselo a Vera. Sería innecesario y podría crear una inseguridad nueva en ella sobre lo nuestro.

Odiaría perturbar la felicidad que me regala cada día y la emoción de estar empezando algo juntos. De modo que elimino a Judith de mi mente, como llevo años haciendo, y me levanto del sofá para disfrutar de este rato que tengo con Vera.

La sigo hasta la cocina y la ayudo a preparar la cena intentando que el mensaje de Judith no me ronde más la mente. La parte buena —la mejor, de hecho— es que, con Vera a mi lado, no necesito esforzarme mucho para conseguirlo. Con ella siempre me pasa, siempre consigue que todo lo malo se me olvide.

Cree que yo soy su mar en calma, pero ella es el sol y el cielo despejado que lo acompaña en ese perfecto día de playa.

Capítulo 30

Vera

Últimamente me siento como en una nube, como si flotara. La tensión de hace unas semanas al ver a César por primera vez y pensar en la de problemas que nos llevaría lo que había entre nosotros, querer mantenerme alejada de él por todos los miedos que se agolpaban en mi cabeza y no saber cómo..., me han dado muchos dolores de cabeza.

Sin embargo, desde que hablamos claro sobre nosotros, nos dijimos lo que sentíamos y tomamos decisiones, tengo la sensación de no estar yendo todo el tiempo a contracorriente, que era lo que me tenía estancada. Ahora es como si todo simplemente fluyera y yo me dejo llevar por la fuerza del agua.

César es genial. Ya lo sabía desde aquella primera noche que pasamos juntos, en la que conectamos con tanta intensidad y en la que nos abrimos y conocimos tan a fondo. Lo que ocurre es que estos días me he dado cuenta de que el solo hecho de verlo me destensa los hombros, me alegra hasta el peor de los días y me acelera el corazón de tal manera que siento vértigo. Un vértigo emocionante y adictivo.

No es fácil la situación en la que estamos, claro. Vamos con todo el cuidado que podemos y no hemos vuelto a compartir ninguna escena como aquella en la que otro profesor casi nos pilla demasiado juntos..., lo cual resulta casi una tortura. Incluso teniendo que fingir que no somos nada dentro de las paredes de la universidad y debamos comportarnos exclusivamente como un profesor y una alumna compartiendo asignatura, eso solo aumenta mis ganas de verlo por la tarde.

Es lo que me ocurre hoy, jueves, durante su clase. Estamos en la sala de prácticas, trabajando las formas asimétricas y experimentando con la percepción del ojo, y yo solo puedo fijarme en lo bien que le quedan esos vaqueros cada vez que se da la vuelta. En varias ocasiones tengo que obligarme a dejar de mirarle el culo y centrar la vista y mi concentración en el lienzo que tengo delante.

Me cuesta lo mío, lo admito, sobre todo cuando César empieza a pasearse entre los alumnos para examinar nuestros trabajos y ayudar en lo que necesitemos. Y más aún si se detiene junto a mí, como acaba de hacer ahora.

—César —lo llama una de las chicas que hay a mi izquierda justo cuando sentía que estaba a punto de decirme algo.

Mejor. No estaba segura de controlar el temblor de mi voz si tenía que responderle a cualquier cosa. Ni tampoco sé si mi cerebro habría sabido enlazar dos palabras coherentes sin hacerme quedar mal.

César se aleja de mí un par de pasos y responde a las preguntas que le está haciendo esa chica. Es una de las que se lo comían con los ojos hace unas semanas, cuando tuvimos la primera clase práctica con él. Intento centrarme de nuevo en mi ejercicio, pero no puedo evitar mirarlo cuando vuelve a alejarse de esta zona de la estancia.

No sé si es porque ayer no pudimos vernos en todo el día y apenas hablamos más que por la noche, pero tengo que apretar los labios para aguantarme las ganas y las fantasías sobre lanzarme hacia él y besarlo en medio de todos los lienzos. Después del momento que compartimos tras una de sus clases, en el que casi nos pilla otro profesor, me he dado cuenta de que Silvia tenía razón y este tipo de situaciones en las que nosotros sabemos las cosas turbias y subidas de tono que pasan por la mente del otro... son bastante morbosas.

—Oye. —Me vuelvo enseguida por instinto cuando oigo esa voz más alta y más cerca de lo normal. Es la misma chica que ha estado hablando con César hace un minuto. Me mira con los labios separados, enseñando los dientes ligeramente con una expresión asqueada, y los ojos entrecerrados—. ¿Sabes que podrían expulsarte por lo que estás haciendo?

Se me para el corazón y estoy segura de que me he quedado blanca. Tengo la garganta tan seca que me duele al tragar saliva.

—¿Cómo? —pregunto con un hilo de voz.

—No te hagas la tonta, que no engañas a nadie —me espeta con tanta rabia que la tensión que empezaba a subir por mi espalda de repente se vuelve mucho más dolorosa.

Me he quedado paralizada en mi sitio, sujetando el pincel en el aire y con la cabeza girada hacia ella. No sé qué decir o qué hacer ahora mismo. Ni siquiera sé su nombre, no he hablado nunca con ella. Hasta este momento pensaba que pasaba desapercibida y que nadie me prestaba atención. No entiendo qué está ocurriendo.

Mira hacia donde está César hablando con otro alumno sin enterarse de esta conversación, y entonces se acerca a mí con disimulo y una naturalidad despreocupada que no muestra su rostro, como si quisiera intimidarme invadiendo mi espacio personal. Después se sitúa a mi lado con mucha seguridad y la oigo decir entre dientes:

—Todos sabemos que te lo estás follando.

El corazón se me acelera tanto que puedo sentirlo en mis oídos. Miro un segundo a César, que sigue respondiendo a los demás sin fijarse en nosotras. Cierro los labios porque no quiero que vea que estoy entrando en pánico, y dejo el pincel de nuevo sobre la mesita con mucha lentitud.

—No sé de qué hablas.

Es la frase más delatora del mundo, lo sé, pero es lo único que he sabido articular. En mi cabeza no deja de sonar una sirena de peligro estridente mientras se proyectan carteles de precaución con luces de neón que me piden que salga de aquí tan rápido como pueda.

—Mira, es inútil que lo niegues —suelta con soberbia y una sonrisa cargada de una cantidad de veneno que no entiendo de dónde viene—. No habéis sido precisamente discretos, ¿sabes?

—¿Qué? —apenas me sale la voz.

—Hace dos semanas, el sábado por la noche, os vi saliendo de Rumors cogidos de la manita y después os morreasteis en medio de la calle. ¿De verdad no se os ocurrió que alguien conocido pudiera veros? Cuenca es bastante pequeña y al final todo se sabe.

Tiene razón. Joder, tiene toda la razón. En ese momento lo único que ocupaba mi mente era que quería estar con él y que me daba igual todo lo demás, pero es verdad que estábamos en un sitio público y lleno de gente, y esta ciudad no es muy grande que digamos; era muy probable que alguien que nos conociera pudiera vernos.

—No está bien lo que estás haciendo —continúa atacándome—. Tirarte a un profesor para que te suba las notas.

Vuelvo a mirarla con los ojos como platos, y el remolino de incertidumbre cada vez se hace más grande en mi estómago.

—No... No es eso.

—Ya, claro. No solo es que esté bueno, también te estás aprovechando de que es él quien pone las calificaciones.

—¿Qué? No... Es... —Ni siquiera sé cómo explicarlo.

Comienzo a notar un mareo que me tapona ligeramente los oídos y me nubla la vista. Estoy a punto de sufrir un ataque de ansiedad en medio de la clase y no puedo, no quiero. Me tiembla tanto el ojo que tengo que dejar de mirarla y parpadear varias veces porque no quiero que nadie me vea tan alterada.

Si alguien más se diera cuenta de lo que está pasando u oyera algo de lo que me está diciendo, sería horrible. Porque todo se puede malinterpretar y los cotilleos corren como la pólvora antes de que te des cuenta de que se ha encendido la mecha. No puedo dejar que esto me afecte tanto en un lugar con tanta gente.

—Voy a hablar con el rectorado. —A ella le da igual, sigue con sus ataques, y yo tengo que contenerme para no echarme a llorar en este preciso instante—. Te expulsarán y a él lo despedirán. Es lo justo. Tú te has aprovechado de que está bueno y le pones, y él, de una alumna. Casi es como si te hubieras prostituido. Qué asco.

—P-Perdona, tengo... tengo que salir de aquí.

No espero a que me diga nada más, cojo mi bolsa y me dirijo a la puerta tan deprisa que en el camino tropiezo con uno de los lienzos en blanco que hay en el suelo. No lo he visto porque, entre la ansiedad y las lágrimas a punto de desbordarse de mis ojos, apenas veo por dónde voy.

Todos se vuelven hacia mí y se crea un silencio ensordecedor en toda la sala, pero yo solo miro a César. Él me devuelve la mirada entre confundido y preocupado; a cualquiera le parecería que simplemente mi interrupción lo ha desconcertado, pero para mí, y supongo que para esa chica, es evidente que hay algo más.

No es más que un segundo lo que aguanto clavar los ojos en él, pero duele tanto que tengo que salir disparada de la clase porque las ganas de llorar y vomitar amenazan con superarme.

No me esperaba nada de esto. Sabía que podía ocurrir en cualquier momento y que haría que todo se tambalease, pero una parte de mí deseaba que no fuera a pasar. Ahora ya es tarde, ya está todo perdido. Todo porque no he sabido hacerlo bien. Todo por mi culpa.

Sábado, 15 de octubre, 02.59 horas

—¿Y tú? —le preguntó César con tal de dejar de hablar de sí mismo y escucharla un rato a ella.

Le gustaba que Vera sintiera esa curiosidad por él y quisiera conocerlo, pero también le apetecía que ella le mostrase un poco más de sí y compartiera algunas cosas con él.

—Yo, ¿qué?

—¿Has tenido algún novio? ¿Quizá en la guardería o en el colegio?

—Eres idiota —respondió Vera sin contener la risa y dándole un pequeño golpe cariñoso en el hombro—. No me sacas tantos años. Ya lo hemos hablado.

—Seguramente, cuando yo di mi primer beso, tú todavía llevabas pañales —continuó él, picándola; se había dado cuenta de que aquellas bromas reforzaban la conexión y complicidad que había nacido entre ellos, y le gustaba cada vez más.

—Depende. ¿Cuándo diste tu primer beso?

—Con doce años.

César recordó aquel momento en el que dio su primer beso de verdad y no simplemente un choque de labios como hacían en primaria para luego limpiarse corriendo con la manga del suéter. Fue un momento desastroso del que solo recordaba demasiada saliva y la mezcla de sentimientos entre asqueado y curioso. Esperaba que Vera no le preguntara por aquella experiencia, ya que solo le valdría unas cuantas burlas por su parte.

Por suerte para él, Vera se centró en el tema de conversación original.

—Ahí yo tendría cuatro o cinco años, ya no llevaba pañales, listo —le espetó con un retintín que a César le arrancó una sonrisa ladeada.

—Bueno, era una exageración, pero no desvíes el tema. Yo te he hablado de mi última novia. Hay que igualar el marcador.

Vera lo miró un segundo, sopesando la situación y qué debía y quería contarle exactamente. No era algo a lo que tuviera que dar demasiadas vueltas, ya le había hablado de una de las partes más crudas de su pasado y no se arrepentía de ello. No sería tan malo hablarle de esos otros chicos que habían pasado por su vida antes de conocerlo a él.

—A ver, supongo que sí que he tenido alguna que otra pareja, sobre todo en el instituto. Ya sabes, la etapa de experimentar todo por primera vez: los besos, sentimientos, roces... —Vera desvió la mirada hacia arriba, no a un punto fijo, como si estuviera pensando qué otros detalles darle—. No estoy segura de si fueron relaciones serias, pero diría que tuve tres novios, si es que se los puede considerar así. No he estado nunca en el punto de querer casarme con alguien ni de irme a vivir con él. Ni siquiera de decir «te quiero». —Vera hizo una pequeña pausa y se mordió el labio inferior durante un par de segundos—. Lo cierto es que, hoy por hoy, solo se lo digo a mi madre y mis amigas. Son las únicas personas que llevan bastante tiempo en mi vida como para atreverme a decirlo sin miedo a que lo vayan a utilizar en mi contra.

A César lo sorprendió que dijera aquella última frase. Hasta entonces, Vera le había parecido una persona atrevida, sincera e impulsiva. Para cualquiera aquello habría significado que no temía a sentir con intensidad ni a mostrar sus sentimientos cuando eran genuinos. Supuso que había mucho más trasfondo y profundidad en aquella chica que tanto le había llamado la atención. En ese momento sentía más curiosidad por desentramar cada una de sus capas.

Aun así, decidió darle su espacio y que le hablase de todo aquello cuando quisiera y se sintiera preparada, y continuó preguntándole por sus relaciones anteriores.

—¿Con ninguno de esos tres chicos sentiste ganas de decírselo?

Vera movió la cabeza hacia los lados.

—El primero fue algo extraño, de unas pocas semanas. Tendría unos trece años o así. Nos dimos unos pocos besos en el parque con algún que otro tocamiento y ya. Era más bien físico y por probar —dijo encogiéndose de hombros sin darle importancia—. El primer beso inexperto y lleno de saliva, algún que otro chupetón que me hizo llevar cuello alto durante una semana, que me espachurrasen una teta como si fuera una pelota antiestrés... Esas cosas.

A César le hacía gracia el tono cómico y desenfadado con el que hablaba. Le recordó a un monólogo de la televisión.

—Después, con el segundo, admito que sentí esas mariposas en el estómago que te tienen en vilo todo el día y la noche pensando en la otra persona y si esa persona estará pensando en ti. —Vera sonrió como si de un bonito recuerdo se tratase, y a César se le contagió el gesto—. Creo que podría considerarla mi primera relación de verdad. Tenía dieciséis años y fue el primer chico con el que me acosté. No llegué al punto de querer decirle que lo quería y lo cierto es que nunca creí que estuviera enamorada; a esa edad no se sabe de verdad lo que es el amor.

»Estuvimos saliendo durante todo cuarto de la ESO, y en verano, cuando se fue de vacaciones con sus padres, la relación se enfrió y, al empezar bachillerato, ya no fue igual, así que decidimos que lo mejor era que cada uno fuera por su lado. Seguíamos viéndonos en clase y nos llevábamos bien, pero dejó de gustarme en ese sentido. Le tengo cariño por ser el primero, pero, no, no le dije "te quiero".

»Y el tercero fue durante el primer año de universidad y seguramente sea el que menos material de novio poseía —dijo con una risilla irónica que a César le creó curiosidad—. Era arrogante, creído, chulo, un poco machista en algunas cosas, y no era yo la única chica con la que estaba. Era un pieza.

—¿Qué te gustaba de él entonces? —preguntó César horrorizado, y Vera se rio de su expresión antes de contestar con otro encogimiento de hombros.

—Que tenía coche cuando yo aún estaba sacándome el carnet y que lo hacía de miedo.

César se rio con ganas y Vera lo acompañó.

—Me intriga mucho la calma y el toque de humor que le pones a todo.

—Es fácil cuando no lo has pasado mal, supongo. Si hubiera tenido que pasar por algo traumático y doloroso, quizá no me lo tomaría así y me costaría más hablar de ello. Hubo cosas que me dolieron de los tres, pero fueron más por orgullo que por sentir algo de verdad. —Vera volvió a morderse el labio inferior, pensativa y dudosa, pero terminó por añadir—: Creo que nunca he estado enamorada y, sinceramente, no sé si quiero estarlo.

César se puso serio de repente y la miró frunciendo un poco el ceño.

—¿Por qué?

—Porque duele. —Sonaba tan decidida que César no se atrevió a interrumpirla—. Simple y llanamente. Al principio, es todo muy bonito y emocionante, pero cuando llega la rutina y el desasosiego, todo se tuerce y las personas salen heridas. Y no quiero vivir eso. Prefiero no enamorarme nunca a terminar con el corazón tan hecho trizas que quizá no pueda repararlo. Al final, todo es efímero. Prefiero que algo sea breve y quedarme con un buen recuerdo a alargarlo de forma innecesaria y terminar sufriendo.

—¿Cómo sabes que acabarás sufriendo?

César no entendía cómo podía tener una visión tan rígida de lo que era el amor, enamorarse y querer a otra persona. Quería comprenderla, pero al mismo tiempo no sabía qué la había llevado a pensar de esa manera.

—No lo sé, pero tampoco quiero arriesgarme a ello. Suena cobarde, soy consciente de ello, pero... —No sabía cómo concluir la frase, así que se limitó a encogerse de hombros una vez más.

Había algo más detrás de esa fingida indiferencia que Vera quería mostrar ante César y él lo tenía claro, pero no quiso insistir ni forzarla. No había pensado en el tema de las relaciones ni en si entre ellos terminaría habiendo una o si se trataría únicamente de algo de una noche.

Sin embargo, no le agobió y tampoco le dio vueltas a ese rechazo que Vera tenía hacia las relaciones más íntimas y emocionales. Por el momento, le bastaba con seguir conociéndola sin importar dónde acabaría aquello. Prefería centrarse en la curiosidad y la conexión que había crecido sin pausa durante toda la noche entre ellos. Ya, a la mañana siguiente, determinarían qué querían el uno del otro.

O eso era lo que César esperaba que ocurriera.

Capítulo 31

Vera

No sé cuánto rato he estado en el coche, esperando a que remitiese el ataque de ansiedad que me ha llevado a escaparme de la clase de César de esa manera. Ni siquiera tengo recuerdos del trayecto de la universidad hasta mi bloque de pisos. Me he disociado tanto que en mi cabeza solo existen la voz de mi compañera acusándome con malicia y la mía que me recuerda que esto iba a pasar y que es culpa mía que esto haya terminado sucediendo, que sabía que iba a ocurrir y, aun así, no he hecho nada para evitarlo.

Cuando llego a casa y cierro la puerta a mi espalda, lo primero que hago es tirar mis cosas en la entrada sin ningún tipo de ceremonia ni cuidado, me tumbo bocabajo en el sofá, con la cara enterrada en un cojín, y sigo llorando. No se acaban las lágrimas y tampoco sé cómo contenerlas.

Al final todo ha explotado, como era más que probable que pasara, y no lo he visto venir. O sí, pero decidí ignorarlo, no lo sé. No esperaba un encontronazo con una compañera en medio de una clase ni tampoco la amenaza de hablar con el rector de la universidad para que a mí terminen expulsándome y a César, despidiéndolo.

Todo por mi culpa.

Porque no supe calibrar lo arriesgado que era todo esto y no supe frenarlo antes de que empezase. Todo por dejarme llevar y permitirme sentir.

Cuando oigo unos nudillos golpeando la puerta con fuerza, me sobresalto y tardo unos segundos en reaccionar. He perdido la noción de cuánto tiempo he pasado aquí tirada, intentando serenarme sin éxito. Alzo la cabeza y miro por la ventana, como si tratara de ubicarme después de este ataque de nervios. Debe de ser por la tarde ya, a juzgar por la altura del sol.

Me levanto pasándome las manos por la cara para limpiar los restos de las lágrimas, aunque seguramente tenga un aspecto horrible que no puedo disimular en solo unos segundos, y me acerco a la puerta. Echo un vistazo por la mirilla y casi se me escapa un gemido de angustia. Sin embargo, aprieto los labios y abro para encontrarme a César ahí de pie, observándome con la expresión más preocupada que recuerdo desde que lo conozco.

—Eh —dice extendiendo las manos para acunar mi cara y acariciar mis mejillas con cariño. Cierro la puerta cuando está dentro y dejo que la llantina continúe—, ¿qué te pasa? ¿Por qué te has ido así? Me he quedado tan preocupado que casi no he podido continuar con la clase. ¿Qué ha ocurrido?

Tengo la respiración tan acelerada y, al mismo tiempo, una presión en el pecho tan grande que no me salen las palabras, apenas puedo balbucear unos pocos sonidos ininteligibles que deben de confundirlo más. Él parece entenderlo y me dirige de nuevo al sofá.

—Ven, siéntate.

Una de sus manos coge la mía sin apretar y la otra me acaricia el pelo para tranquilizarme. No debería sentirme tan bien si esto está tan mal. No deberíamos tener esta intimidad. Él es profesor y yo soy una alumna, no podemos estar en esta situación.

Esto está mal.

—Vera, cuéntame qué ha pasado.

Levanto la cabeza y lo miro a través de las lágrimas que no dejan de brotar de mis ojos y correr por mis mejillas. Respiro hondo y le explico la breve pero terrorífica conversación que he tenido con esa compañera que sabe lo nuestro, por lo visto desde hace semanas, y ha esperado hasta hoy para usarlo como arma arrojadiza hacia mí.

César me observa en silencio y muy serio, pero sin soltarme. Deja que me desahogue, como hace siempre, y espera a que me vacíe para intervenir. Cuando termino y echo el cuerpo hacia atrás, encojo las piernas y entierro la cabeza entre las rodillas. Lo oigo suspirar y creo que incluso se frota la frente murmurando un «Joder».

Esto es culpa mía. Él está en un lío por mi culpa. Van a despedirlo por mí y no sé qué hacer para arreglarlo.

—Está bien —dice después de varios minutos en silencio—, sabíamos que esto podía suceder, solo tenemos que pensar en cómo debemos actuar ahora, cuál va a ser nuestro siguiente movimiento. —Habla con mucha entereza y madurez, queriendo hacerse cargo de la situación, mientras yo solo puedo comportarme como una cría a la que han pillado haciendo algo malo y que no sabe qué más hacer aparte de agachar la cabeza—. Quizá..., si hablamos con el rectorado primero, podríamos...

—No —murmuro tan bajito, con la cara todavía enterrada entre las piernas, que no estoy segura de si me ha oído. Sin embargo, César ha dejado de hablar y creo que eso es señal suficiente para entender que sí lo ha hecho.

—¿Qué?

Levanto la cabeza y lo miro con el corazón hecho pedazos, algo que él también ve en mis ojos. Seguramente sea por esa visión que los suyos también se entornan y parecen más tristes de repente, como si supiera lo que estoy a punto de decir y me estuviera suplicando que no lo hiciera. Aun así, trago saliva con fuerza y me obligo a hablar.

—Eso no va a arreglar nada, César.

—¿Cómo que no? —Él coge mi mano entre las suyas y yo me siento una miserable por disfrutar hasta de ese cálido roce—. Puede que tuviéramos que haberlo hecho hace tiempo y dejarlo todo atado desde el principio, pero...

Su voz cada vez es más suplicante y odio que sea por mí, por mi culpa, que él se encuentre en esta situación.

—César... —intento pararlo, pero él insiste.

—Vera, escúchame un...

—¡No, escucha tú! —Dejo de tocarlo de golpe, porque sé que, si sigo notando su pulso, no podré continuar, y lo miro con todo el dolor que siento en mi corazón en este momento—. Sabíamos que esto iba a pasar, tarde o temprano se iba a ir todo a la mierda y no podríamos hacer nada para evitarlo.

—Solo tenemos que hablar con el rector y explicarle la situación. —No quiere escucharme, no lo está entendiendo. No ve todo el daño que esto puede hacernos a los dos. A él—. No podemos ser los primeros que se encuentran en esta posición, debe de haber algún protocolo o normativa al respecto.

—Sí, claro que lo hay —contesto mordaz—: que los alumnos y los profesores no pueden acostarse.

—No reduzcas lo nuestro a eso, es lo único que te pido.

Me duele la seriedad con la que habla, pero tiene razón, no puedo simplemente fingir que no hay nada más que sexo entre nosotros. No lo hubo la primera noche y no lo ha habido en todas las que la siguieron.

—Lo siento —me disculpo apretando los labios y los puños para contener las lágrimas—, pero no estoy hablando de eso.

—¿Y a qué te refieres?

Intento coger aire, todo el que puedo, pero me resulta imposible. Es como si tuviera una membrana en la garganta que no lo deja pasar. Quizá sea esa parte de mi mente que en realidad no quiere que diga esto, pero no veo otra solución. Porque no la hay.

—A nosotros, a todo esto. Te dije que, cuando las cosas se alargan, termina doliendo y haciendo daño, y yo no quiero sufrir.

—Vera...

Cierro los ojos y dejo de mirarlo, porque sé que, si ya me está doliendo todo esto, mirándolo solo conseguiré hundirme por completo. Aun así, siento que unas nuevas lágrimas calientes y saladas se deslizan por mi cara y noto como las uñas se me clavan en las palmas de las manos al apretar los puños.

—No puedo seguir con esto —susurro, como si así fuera suficiente para que esa parte de mi cerebro deje de castigarme, pero no es así, no para de hacerlo.

—¿Qué estás diciendo?

Miro al suelo, buscando un punto de estabilidad, algo que me ayude a mantenerme en pie y no me desplome sobre el suelo, y me agarro las manos con tanta fuerza que los nudillos se me vuelven blancos. Es la primera vez en toda mi vida que me duele tanto algo, alguien, y no sé qué hacer para paliar ese dolor y esa angustia. ¿Es esto lo que se siente cuando te rompen el corazón? ¿Incluso si eres tú misma la que lo propicia?

—Por favor, vete.

Un silencio horrible y pesado cae entre nosotros. Yo aprieto los labios para que no vea el temblor y las ganas de volver a echarme a llorar desconsoladamente que tengo. Porque lo más seguro es que terminara haciéndolo contra su pecho y suplicándole que no se marchase, a pesar de que sé que así es como tiene que ser. Al menos, eso creo.

—Vera, ¿me estás echando solo de tu casa o también de tu vida?

La angustia se hace más grande y el dolor en el pecho, más agudo. Insoportable. Necesito que se marche o no podré sostener esta decisión. No soy tan fuerte.

Me gustaría responderle y convencerlo —convencernos— de que esto es lo mejor para los dos. Es lo correcto, como debería haber sido desde el principio. No deberíamos haber comenzado nada de esto. Si lo hubiéramos terminado antes de que empezase a complicarse, si lo hubiéramos dejado en una sola noche especial y un recuerdo bonito, no estaríamos aquí ahora. Así. Rotos y destrozados.

César se levanta del sofá muy despacio, como si todavía esperase que terminara reteniéndolo o no creyese del todo lo que acabo de decir. Me encantaría que fuera así, que todo fuera mentira y hubiera otra solución para nosotros, pero no la hay. Así que aprieto todavía más las manos para contener las ganas de darme la vuelta cuando pasa por mi lado y sujetarlo para que no dé un paso más. Se va sin decir nada y cerrando la puerta con naturalidad, sin dar siquiera un portazo, y el silencio que deja en casa se me hace ensordecedor.

Capítulo 32

César

Estoy a punto de perder una cantidad de pelo que no sé si recuperaré alguna vez. Llevo un rato con las manos hundidas entre los mechones, masajeándome la cabeza en un intento por entender qué ha pasado con Vera antes en su casa. Me he marchado porque ella me lo ha pedido, porque no quería agobiarla, pero lo que en realidad deseaba hacer era abrazarla y repetirle hasta que me creyera que todo iba a salir bien, que podíamos encontrar una solución y que no tenía de qué preocuparse si estaba conmigo.

Pero no me ha dejado.

Cuando le he preguntado si me estaba echando de su vida, ni siquiera ha contestado, lo que me ha dado la respuesta que necesitaba. Sabía de su miedo al compromiso y a salir herida; tiene un trauma muy grande a raíz de la relación entre sus padres, y el mantra de que el amor hace daño lo lleva demasiado al extremo. Es como un fantasma que espera el momento más indicado para aparecer y hacer que reviva todo su pasado y sus pensamientos se cierren en banda.

Sin embargo, pensaba que conmigo estaba empezando a entender que no siempre es así, que el amor no tiene por qué doler ni sufrirse. No he querido darle demasiadas vueltas ni hablarlo con ella directamente por si tenía un efecto contraproducente, pero creía que entre nosotros comenzaba a surgir ese sentimiento que te hace flotar y creer hasta en lo imposible.

Parece que me equivocaba. No ha hecho falta más que un obstáculo para que diera marcha atrás y decidiera abandonarlo todo. Abandonarme a mí.

Suena el telefonillo, sacándome de mi remolino de autocompasión, y alzo la cabeza deprisa, como si una parte de mí creyera que va a ser ella queriendo arreglarlo, pero sé que no. Eso no va a pasar, al menos por ahora. Me levanto y pulso el botón que abre el portal. Después hago lo mismo con la puerta de casa y veo a Fran subiendo las escaleras casi con la lengua fuera. Me mira un instante y enseguida frunce el ceño y entiende que algo va mal.

—¿Qué ha pasado? —me pregunta cuando está frente a mí.

Me cuesta encontrar las palabras para resumirlo porque todavía no sé si he logrado asimilar la conversación que he mantenido con Vera hace un rato, pero al final, con cierto tono de duda y desconcierto, salen.

—Creo que Vera me ha dejado.

Fran me observa unos segundos. Estoy confundido y él se ha dado cuenta, por eso no insiste por el momento, porque es consciente de que no voy a saber expresar cómo me siento ahora mismo de un modo coherente.

No esperaba que esto ocurriera así, de un día para otro. No. Peor aún: por lo que me ha contado Vera, ha sido cuestión de segundos que su estabilidad mental desapareciera, lo que ha tardado su compañera en dejar claro que sabía lo que había entre nosotros y que no dudaría en delatarnos.

Fran cierra la puerta detrás de él y me lleva hasta el salón, donde me obliga a sentarme y él se sitúa frente a mí, sobre la mesa de madera. Después me mira entre preocupado y confuso. Tal y como me siento yo.

—Cuéntame qué ha ocurrido.

Respiro hondo y trato de explicar todo lo que ha pasado hoy con el mayor detalle posible. Empiezo por la clase de pintura, donde Vera parecía estar bien; cómo de repente se ha ido del aula sin decir nada, como un torbellino, tropezando con todo y mirándome como un cervatillo asustado; el momento en que he llegado a su apartamento esta misma tarde y la he encontrado en medio de un ataque de ansiedad que a saber si no llevaría teniendo desde que ha salido de mi clase; la conversación tan repentina y dolorosa que hemos mantenido y lo que creo que ha supuesto para nosotros.

Fran me escucha sin interrumpirme, solo asiente de vez en cuando y frunce el ceño en otras ocasiones en las que, o no me expreso bien, o no entiende algo. Deja que me desahogue y, cuando termino con un suspiro que me deja vacío y con los hombros hundidos, se sienta a mi lado y me pasa un brazo por la espalda.

—Sé que todo viene por su miedo a que le hagan daño —continúo, con la mirada perdida en algún punto de la alfombra—, pero querer romper con todo así es demasiado radical, ¿no? Creía que teníamos algo más fuerte que esto, que resistiría. Tiene razón en que ambos sabíamos que algo así podía ocurrir en cualquier momento, pero algo en mí me decía que seríamos capaces de sobrellevarlo de algún modo, no que sería el final de todo.

—Dale tiempo —me aconseja mi amigo con un tono suave—. Tal vez necesite unos días para desahogarse y dejarse llevar por el pánico antes de buscar una solución. No la conozco demasiado, pero quizá esa sea su forma de reaccionar cuando algo se sale de sus planes: primero entrar en pánico y después sopesar opciones con la cabeza fría. Aunque tenga veinte años, ¿tú la consideras madura?

Si hubo algo que me atrajo de ella la primera vez fue la manera tan serena en la que hablaba a pesar de su edad. Sabía que tenía algunas actitudes propias de los diecinueve años, que apenas acababa de empezar a vivir, a pesar de que en realidad había pasado por muchas cosas que la habían obligado a crecer deprisa. Sin embargo, no creí que su primera reacción a un obstáculo fuera la de agachar la cabeza y dejarse llevar por el miedo.

Pestañeo varias veces, pensando en cómo responder a mi amigo, pero al final opto por asentir con la cabeza, porque todavía quiero tener fe en que lo que hay entre Vera y yo se puede salvar.

—Entonces, entenderá que tenéis que buscar una solución. Al final, todo tiene arreglo menos la muerte y, si ella quiere estar contigo, también tiene que esforzarse en pensar cómo gestionar esta situación. Tenéis que ser un equipo y lidiar con los problemas juntos.

Sigo moviendo la cabeza de arriba abajo, escuchando y tratando de convencerme a mí mismo de que todo lo que dice es lo más lógico, porque sé que tiene razón, pero no tengo ni idea de cómo hacerle saber eso a Vera, de cómo hacer que me crea cuando le digo que estoy aquí para ella tanto en los buenos como en los malos momentos; de que podemos capear este temporal si permanecemos juntos y no nos rendimos; de que vale la pena luchar por esto que tenemos y lo que podríamos tener.

Fran se queda conmigo hasta bastante tarde. Cena en casa y me obliga a ver la televisión entre otras cosas. Intenta distraerme, hablándome del trabajo y otros asuntos familiares a los que les presto la atención justa, porque una gran parte de mi cerebro no deja de pensar en Vera, en cómo de mal debe de estar ahora mismo y en si habrá llamado a sus amigas para no estar sola, como he hecho yo.

Varias veces cojo el teléfono para escribirle un mensaje y preguntarle si está bien y si quiere hablar, pero, o bien Fran me lo quita y me regaña por no seguir su consejo de darle espacio y un par de días para que sea ella la que decida hablar conmigo cuando se sienta preparada, o soy yo mismo el que entiende que darle tiempo significa dejarla en paz durante unos días y esperar a que sea ella la que me escriba para hablar.

Algo que no estoy muy seguro de que vaya a hacer.

Y ojalá me equivoque.

Sábado, 15 de octubre, 03.17 horas

Habían perdido la noción del tiempo y, aunque era ya entrada la madrugada, ninguno de los dos se sentía realmente cansado. No tenían ganas de terminar la noche después de todos los momentos mágicos que les había dado. Ambos deseaban continuar descubriendo más rincones del otro y destapando cada detalle que el otro quisiera compartir. Charlaron de todo y de nada a la vez entre risas estruendosas y bromas cómplices que los acercaron todavía más.

Vera se encontraba tumbada bocarriba en la cama de César, con la cabeza apoyada en el abdomen de él y la vista fija en el techo, mientras él enredaba los dedos en su pelo sin poder dejar de contemplarla.

Vera no miraba a nada en concreto; tenía la mente más despejada que en mucho tiempo y, aunque no quisiera admitirlo, sabía que se debía a César y todo lo que había sentido a lo largo de esas horas a su lado. Se trataba de una sensación de calma y tranquilidad que, al mismo tiempo, le transmitía incertidumbre y desconcierto. No sabía por qué o cómo él había conseguido hacerla sentir así, pero le gustaba esa sensación y a la vez le hacía experimentar un vértigo terrible.

—Eh —oyó la voz de César a su derecha como un susurro que le provocó un escalofrío que le erizó toda la piel.

Vera giró la cabeza y lo encontró ligeramente inclinado sobre un costado, observándola mientras pasaba la mano por varios mechones de su pelo.

—¿En qué piensas?

La chica no supo qué responder. Si era sincera, se arriesgaba a romper el hechizo que los había envuelto durante toda la noche y a exponer sus más profundos miedos. Por otro lado, si no le contaba la verdad, después de todo lo que se había abierto con él en las últimas horas y todo lo que le había dejado descubrir de ella, se sentiría una farsante. Y no quería ninguna de las dos cosas. De modo que se mordió el labio inferior, indecisa durante un instante, y después escogió un punto intermedio.

—En que no quiero que esta noche termine. —Giró sobre sí misma y quedó frente a él, con sus rostros a apenas unos pocos centímetros de distancia—. Tengo la sensación de que, si cierro los ojos, todo esto va a desaparecer. Que tú vas a desaparecer. Como si solo hubieras sido un sueño.

César sintió la necesidad de hacer desaparecer esa emoción en ella y calmar esos pensamientos intrusivos, pero no supo cómo. Lo único que se le ocurrió fue deslizarse por el colchón y colocarse junto a ella, con los pies sobresaliendo y su hombro tocando el suyo. Después giró la cabeza y quedó a un palmo de la suya, cara a cara, sintiendo su respiración en el rostro. César levantó una mano por encima de sus cabezas.

—Mira. ¿Cuántos dedos ves?

Vera frunció el ceño y le miró la mano antes de responder entre confundida y divertida por aquella pregunta tan repentina.

—¿Cinco?

—¿Segura? —dijo él con tono jocoso.

—No lo sé. —Vera rio—. ¿Cuántos debería ver?

—Tú dime lo que estás viendo y ahora te lo explico.

—Vale. —Vera se colocó bocarriba, carraspeó y volvió a contar los dedos de la mano de César antes de contestar con mucha seriedad—. Veo cinco dedos.

—Exacto. Esos son los que tengo. —Ella apretó los labios para no estallar en carcajadas y esperó a que él continuase con la explicación—. Hay muchas cosas que nos pueden ayudar a diferenciar la realidad de los sueños. Como que en estos últimos acostumbramos a tener dedos de más. En realidad nunca vemos las caras de las otras personas, simplemente sabemos que son ellas porque están en nuestra mente y nuestros recuerdos y el subconsciente nos convence de que son ellas. Y no podemos leer, porque no se ven las letras en el papel; si sueñas que lees, en realidad eso ya lo has debido de leer en algún momento de la realidad para que tu cerebro lo reproduzca en sueños.

—¿Entonces...? —Vera no sabía a dónde quería llegar.

—Entonces... Si yo te veo la cara y tú me ves a mí, y no tenemos ocho dedos en cada mano —ella sonrió divertida—, quiere decir que no estamos en un sueño. Solo en otro universo, ¿recuerdas? En nuestro universo.

Vera sentía el corazón desbocado y era incapaz de apartar los ojos de los de César, que parecían tan seguros y tranquilos que creyó quedarse sin aliento cuando los vio brillar por ella. Apenas le había dicho que se sentía insegura por lo que estaba ocurriendo entre ellos y lo que implicaba aquella noche, pero él había sabido calmar su ansiedad de una manera que no creyó imaginar nunca.

En ese instante, Vera no supo si aquello era una buena señal o si debían saltarle todas las alarmas.

—¿Por qué eres tan increíble? —susurró sin darse cuenta.

César sonrió de medio lado sin un atisbo de arrogancia y su mano envolvió la de Vera, cálida y firme, haciendo que su cabeza dejara de girar, dándole la estabilidad que no sabía que necesitase, demostrando una vez más que aquello no era un sueño. Que era muy real.

—No lo soy —respondió él en el mismo tono íntimo y acercando su rostro al de Vera sin darse cuenta hasta que la punta de su nariz rozó la de ella—. Es la forma en que tú me ves. Al igual que para mí tú eres increíble, pero no te das cuenta. Todo depende de los ojos con los que nos miren. En los míos... tú eres la persona más maravillosa que se ha cruzado en mi camino.

Capítulo 33

Vera

La noche del jueves —y todas las que la siguen hasta el lunes— tengo a Silvia y Andrea durmiendo y viviendo conmigo en casa. Cuando les escribo para decirles que necesito hablar, no tardan más que un par de horas en venir, primero Silvia y después Andrea, que aparece un poco más tarde porque no ha podido escaparse antes del curro. Les cuento todo lo que ha ocurrido con la compañera de clase y con César, y la conclusión a la que he llegado. Ellas me miran atentas y me escuchan sin interrumpir; dejan que me desahogue y vacíe cada pensamiento que ha cruzado mi cabeza en todo este rato.

—No tendría que haberme metido en esto —susurro con la voz entrecortada una vez que me he descargado frente a ellas, y apenas me quedan fuerzas para decir nada más—. Ahora todo se va a ir a la mierda y será culpa mía que me expulsen y que él pierda su trabajo, peor aún, que le dejen una marca en su expediente y no pueda volver a enseñar en ningún sitio.

Desde que César se fue y hasta que han llegado mis amigas, he tenido demasiado tiempo para pensar en todo lo que ha ocurrido, lo que va a suceder a partir de ahora y las consecuencias que tendrán nuestros actos. Quizá me haya pasado de exagerada o esté entrando en un estado de pánico extremo del que no voy a poder salir, pero en mi mente no paran de aparecer pensamientos cada vez más terroríficos y situaciones catastróficas a raíz de todo esto.

Mis amigas me observan en silencio, también entre ellas, con una expresión preocupada y contenida, como si no se atrevieran a decir lo que opinan por cómo pueda reaccionar yo. Al final, su silencio me agobia tanto que tengo que pedírselo directamente.

—Dejad de hablar entre vosotras a través de la mente y hacedlo en voz alta conmigo. Necesito que me aconsejéis.

—Verás, cielo —es Andrea la primera en romper el hielo. Lo más seguro es que hayan decidido telepáticamente que sea ella la que empiece porque es la que tiene más tacto de las dos, aunque eso no garantiza que Silvia no vaya a intervenir—, es comprensible que hayas entrado en pánico. Esa perra ha ido directa a atacarte sin darte opción a defenderte y en un lugar público, donde tampoco podías decir nada en tu defensa sin que nadie más se enterase. Probablemente yo habría reaccionado igual que tú.

—¿Pero...?

Las conozco demasiado bien como para saber que, después de unas palabras de comprensión y empatía, vienen las que me dejan claro que no están de acuerdo.

—Pero —interviene Silvia tratando de sonar más suave de lo normal— César no tiene la culpa y él debe de estar tan angustiado como tú. Si no lo está más después de que le hayas dicho que se marchase y te dejase en paz.

Me quedo pensando en eso. Cuando se ha ido de aquí, cuando no he sabido decirle si solo necesitaba estar sola o si quería dejar todo esto, debe de haberse sentido fatal. Y como todavía no ha sabido nada de mí, ni un mensaje ni una llamada, no sé en qué estado se encontrará ahora mismo. Desesperado y muerto de preocupación, aunque respete mi espacio. Por mi culpa. Porque yo no he sabido controlar mi miedo y mi ansiedad y él ha sido el saco de boxeo que ha recibido cada golpe.

—No te estamos echando la culpa —se apresura a aclarar Silvia—, que te conozco y seguramente estés pensando eso ahora mismo. La única que tiene la culpa de que estéis así en este momento es la chavala esa que te ha puesto entre la espada y la pared con su lengua viperina y sus malas intenciones. Lo más probable es que solo estuviera celosa de que el profesor buenorro te prestara más atención a ti que a ninguna otra alumna, y ha ido a joderte pero bien.

—Pero es que tiene razón. —Ignoro todo lo demás. Me llevo las manos a la cara y me echo el pelo hacia atrás—. Todo esto está mal.

—¿El qué está mal?

—Lo que César y yo...

—Vale, voy a pararte ahí.

Cierro la boca y aprieto los labios con fuerza para aguantar la nueva oleada de lágrimas que acuden a mis ojos y la congoja que vuelve a acumularse en mi garganta.

—Voy a hacerte una pregunta y quiero que la pienses bien antes de contestar: ¿Qué habéis estado haciendo César y tú todo este tiempo en realidad?

Miro a Silvia sin comprender a qué se refiere. Después me vuelvo hacia Andrea, buscando ayuda, pero ella se encoge de hombros.

—Yo te lo voy a decir —continúa Silvia unos segundos después de ver que no sé cómo contestar—: Os habéis estado conociendo, disfrutando de estar el uno con el otro, tanto emocional como físicamente. Habéis estado manteniendo una relación, como dos personas normales que se conocen en un bar una noche, se reencuentran después de varios meses, como si fuera cosa del destino, el universo o como lo quieras llamar, y deciden ver a dónde los lleva lo que sienten y lo que quieren. ¿No es así?

Asiento despacio con la cabeza todavía sin saber a dónde quiere llegar.

—Imagínate que tú no fueras a la universidad y que él no fuera profesor. ¿Qué habría sucedido? Seguramente ahora estaríais aquí o en su casa follando como conejos, sin ninguna preocupación, porque no pasaría nada. El conflicto es ese: que él es tu profesor y tú, su alumna.

—Eso ya lo sé —contesto irritada, porque sigo sin entender qué quiere decirme con todo este supuesto.

—No, no lo sabes. O, por lo menos, no lo llegas a entender por completo. ¿No sería todo más sencillo si él no fuera tu profesor?

—Sí, claro, pero...

—Pues ya está —vuelve a interrumpirme, y eso me irrita tanto como para alzar la voz.

—¡¿Ya está el qué?!

Me está poniendo de los nervios. No entiendo a qué se refiere o qué quiere decir exactamente con todo ese análisis de mi relación con César. Ya sé que, si todo fuera diferente, no estaríamos en esta situación de mierda; que si él no fuera profesor o si yo no estuviera en la Facultad de Bellas Artes, no tendríamos este problema. Pero, por desgracia, él sí es mi profesor y yo sí soy su alumna, y eso es lo que lo hace todo tan complicado e incorrecto.

—Dios, Sil, me estoy volviendo loca —me lamento pasándome la mano por la cara y masajeándome las sienes—. ¿A dónde quieres ir a parar?

—A que, para que estéis bien y no tengáis, sobre todo tú, esa ansiedad de estar haciendo algo malo e inmoral, tenéis que dejar de ser profesor y alumna.

—Sí, claro —me palmeo la pierna, como si fuera tan fácil—, ¿y cómo hago eso? ¿Cómo doy marcha atrás y lo cambio todo? No se puede viajar en el tiempo.

—No te hace falta. Si uno de los dos se cambia de clase, ya no habría ningún conflicto de interés en la relación profesor-alumna. Porque ya no lo seríais.

—Eso no cambiaría el hecho de que haya estado acostándome con mi profesor durante más de dos semanas —le rebato—. Podrían despedirlo, abrirle un expediente disciplinario, hacer que no volviera a trabajar de profesor nunca más. Y es culpa mía.

—No lo es, Vera. No es culpa de nadie y no habéis hecho nada malo.

—¡Que sí!

—Vamos a calmarnos todas un poco —interviene Andrea intentando mediar entre nosotras—. Creo que tienes los sentimientos muy a flor de piel ahora mismo y quizá no sea el mejor momento para hablar de esto. Deberíamos centrarnos en que te sientas mejor, que te relajes lo que puedas y descanses. Tal vez mañana todo se vea de otra forma.

Silvia suspira con resignación y yo no puedo aguantarme el llanto ni un segundo más. Andrea me abraza por los hombros y yo hundo la cabeza en su pecho.

—Está bien —dice Silvia después de un rato en el que solo se me oye a mí sollozar. Se acerca a donde estamos y apoya la mano en mi pierna para demostrarme su apoyo—. Vamos a dejar el tema y a centrarnos en que tú te distraigas y pares de darle vueltas durante un rato. ¿Quieres una pizza?

La miro con los ojos acuosos y no tardo en abrazarla a ella también. Me gustaría darle las gracias, pero solo me sale asentir con la cabeza. Después, ella me aprieta contra sí y sonríe con cariño. Podemos discutir como hermanas que se roban la ropa la una a la otra, pero también nos queremos como tal.

—Vas a estar bien, ¿vale? —me susurra al oído—. De una manera u otra, todo esto pasará y nosotras estaremos aquí contigo para lo que necesites. Siempre.

La angustia se mezcla con la calidez de sentirme arropada por mis amigas, dejándome una sensación agridulce que no percibo que vaya a desaparecer pronto.

Capítulo 34

César

No tengo ni idea de cómo he aguantado todo el fin de semana sin escribir o llamar a Vera, o incluso sin presentarme en su casa en un arrebato. Bueno, sí que lo sé. Ha sido gracias a Fran y los demás, que han montado guardia en mi apartamento tanto el sábado como el domingo para retenerme, hacer que me desahogue y distraerme de pensar en Vera. Aunque, a pesar de todos sus esfuerzos, apenas lo han conseguido.

He pasado gran parte del tiempo que he estado despierto preocupado por ella y por cómo estaría. He dormido poco y mal, porque no lograba que mi cerebro dejase de funcionar y me diera una tregua el tiempo suficiente como para descansar, y hasta he tenido algún que otro sueño en el que revivía el momento en que me echó de su casa, a veces tal como fue y otras con muchos más gritos, llantos y sufrimiento. Todo pesadillas que terminaban conmigo despertándome de golpe y sin poder pegar ojo de nuevo.

Me he esforzado para no mirar el móvil demasiado por si ella me había escrito, pero me ha resultado una tarea imposible. De vez en cuando me encuentro con su chat abierto y con el mensaje de «¿Cómo estás?» escrito, pero sin enviar. Al final, siempre se impone la voz de la cordura y la que me pide que no la agobie, que ella vendrá a mí cuando se sienta preparada, aunque no sé cuándo ocurrirá eso.

Tampoco sé de cuánto tiempo disponemos hasta que todo explote en la universidad, se descubra todo y tengamos que actuar. Ni siquiera tengo idea de si su compañera ya ha hablado con el rector sobre lo que ha estado pasando entre Vera y yo, aunque supongo que, en caso de que lo supiera, ya me habría llamado con carácter urgente, ¿no?

No lo sé, es todo una mierda, un comedero de cabeza y una inquietud constante. Tengo demasiados frentes abiertos y no sé cómo enfrentarme a ninguno de ellos. Me siento atrapado. Estancado. Y lo único que me calmaría sería saber que Vera está bien, que nosotros estamos bien y que salvaremos este bache juntos, pero ella no da señales de querer intentarlo.

¿Qué coño hago ahora?

Empieza la semana y, aunque el lunes transcurre como cualquier otro, mi cuerpo está en constante tensión por la posible llamada del rector cuando la compañera de Vera le hable de mí y de ella. No noto nada cuando camino por los pasillos, no hay miradas ni cuchicheos señalándome, así que supongo que de momento todo está como siempre.

No la veo por la facultad ni siquiera de pasada, y no sé si estará evitándome o de verdad el destino no ha querido que nos cruzáramos este lunes que parece normal, aunque en realidad todo es diferente. Doy mis clases, y paso un rato en mi despacho gestionando tutorías y respondiendo correos hasta que me duele tanto la vista que incluso las gafas me molestan. Llego a casa agotado y enseguida me quedo dormido a causa de la tensión acumulada en los últimos días.

Cuando despierto el martes por la mañana, se me forma un nudo en el estómago al pensar que hoy veré a Vera en clase y que eso puede ser demasiado delator por nuestra parte según cómo nos comportemos y, al mismo tiempo, siento tranquilidad porque por fin sabré cómo se encuentra.

Me visto y salgo hacia la universidad con la esperanza de que ella también llegue pronto y podamos hablar unos minutos. Sin embargo, a pesar de que me planto en el aula casi veinte minutos antes de que empiece la clase, ella no llega. El resto de los alumnos de su grupo comienzan a entrar saludándome y yo intento responderles con una sonrisa natural, pero no puedo evitar mirar la puerta todo el rato.

La hora de comenzar la clase se me echa encima y Vera aún no ha venido. Miro el reloj de mi muñeca. Son casi y cinco. Vera no suele llegar tarde, así que la única opción es que no haya venido porque no quiere verme. A mí y a la compañera con la que tuvo ese encontronazo la semana pasada. Echo un vistazo en derredor, por la clase, y miro a cada chica que hay en los pupitres, pero, como se me dan fatal las caras y los nombres, no sé quién es la persona de la que me habló.

Aprieto la mandíbula y cojo el rotulador de la pizarra. No me queda más remedio que dar la clase como si mi vida personal no estuviera derrumbándose, así que cierro la puerta y me dispongo a impartir la lección.

Cuando termino esa clase y las que tengo después, regreso a mi despacho y me permito coger el móvil para distraerme. Sin embargo, lo primero que hacen mis dedos es buscar su chat de WhatsApp. No está conectada, ni siquiera tiene la última hora de conexión. Solo puedo consolarme viendo su foto de perfil, esa que le hice yo hace unos días en mi casa, mientras se reía a carcajadas por un chiste malo.

Me gustaría decir que puedo contenerme y que sé mantener el control sobre mí mismo perfectamente, pero he llegado a un punto en el que estoy desesperado. Necesito saber algo de ella, si quiere verme y hablar conmigo, como yo; saber que, aunque esté en pleno ataque de pánico, sigue pensando en mí y en nosotros. Por eso, no puedo retener mis dedos cuando se mueven por el teclado y envían un mensaje.

Yo: Vera, por favor, no faltes a clase por no verme. Estamos en una situación muy complicada, pero tenemos que hablar y encontrar una salida. No podemos simplemente borrarlo todo. Eso es imposible.

Me quedo un rato mirando lo que he escrito, como si esperase que ella se conectara al instante, leyera mis palabras y contestara con tranquilidad. Es ingenuo por mi parte pensar que eso va a ocurrir, lo sé, pero quiero aferrarme a cualquier esperanza. Al cabo de un par de minutos, cuando todo sigue igual en su conversación y ni aparece su «En línea» ni los dos tics azules, suspiro resignado y bloqueo el móvil antes de dejarlo sobre la mesa.

Me reclino en mi sillón y echo la cabeza hacia atrás, clavando la mirada en el techo, como si fuera a encontrar respuestas o tranquilidad mental ahí.

No sé cómo hemos llegado a este punto de tensión y de ni siquiera hablarnos. Sí, sabíamos que nos estábamos arriesgando y que podía acabar sabiéndose lo que teníamos en cualquier momento, pero no pensé que desembocaría en ella ignorándome, faltando a clase por mi culpa, y yo con la tensión e incertidumbre de no saber cuándo me llamará el rector para comunicarme mi inminente despido.

No vi venir nada de esto, y ahora tampoco sé cómo salir de aquí.

Sábado, 15 de octubre, 03.32 horas

Ambos se negaban a renunciar al tacto del otro y a cómo se hacían sentir entre ellos. Tan vivos y plenos. Llenos de vida y sensaciones que nunca habían experimentado antes.

Las manos de los dos recorrían el cuerpo del otro con intensidad, calor y devoción, en un intento por memorizar cada centímetro y cada marca en su piel. Sus bocas se buscaban con tanta necesidad que, cuando se encontraban, no eran capaces de distinguir sus respiraciones. Ninguno de los dos sabía cuánto durarían esas sensaciones y quisieron aprovechar cada segundo que les regalaban.

Los ojos de él se anclaron en los de ella, hipnotizados y deseosos por hundirse aún más en su interior. Ambos clavaron los dedos en la piel del otro en un intento por alargar el momento. Lo único que se oía entre aquellas cuatro paredes era el deseo que tenían el uno del otro, el roce de sus cuerpos y los jadeos que cada embestida provocaba en ellos. El choque entre ambos se volvió frenético mientras se unían y explotaban juntos entre gemidos y agarres.

Vera apoyó la cabeza en el hombro de César mientras ambos

recuperaban el aliento. No era la primera vez que hacían el amor esa noche, pero sí la única en la que habían sentido algo más que ese placentero cosquilleo entre sus piernas que los reclamaba.

Algo cálido y extraño se había extendido en su pecho con velocidad. Algo que se hacía cada vez más grande y, aunque César no le tenía miedo a lo desconocido y a lo nuevo, Vera se dio cuenta de que no podía aterrarle más la idea de empezar a sentir de verdad.

Capítulo 35

Vera

César: Solo dime si estás bien y si estás con tus amigas, por favor. Eso me dejaría bastante tranquilo, saber que no estás sola.

Otro mensaje más. Y yo sigo sin ni siquiera abrir su chat.

Desde que me envió ese primer whatsapp pidiéndome que no faltase a clase porque no quisiera verlo y que teníamos que encontrar una solución más allá de la de desaparecer y olvidarnos de todo, es como si se hubiera abierto la veda y todas las ganas que tenía de escribirme en los días anteriores estuvieran saliendo a flote ahora sin contenerse.

Soy una cobarde y una idiota, lo sé. Y no solo por no contestar a sus mensajes y dar la cara. Lo supe cuando me fui de su casa la primera noche que creí estar enamorándome de César, y lo soy en este momento porque no me atrevo a luchar por lo que tengo con él, por lo que quiero con él. Porque soy una miedica a la que le aterra sufrir y que le hagan daño. Ahora resulta que la que está hiriendo al otro soy yo, y me odio por ello.

Es jueves y hacía una semana que no salía de casa. Hoy no he tenido más remedio que hacerlo porque me estaba quedando sin comida en la nevera y, si quiero confinarme hasta que todo esto pase y se olvide por arte de magia, necesito algo más que galletitas saladas y refrescos de cola para sobrevivir.

Todavía me acuerdo de la vez que estaba volviendo de la compra y casi choqué con César y su amigo Fran. Un escalofrío me recorre y el sentimiento de culpa me invade de nuevo.

He perdido la cuenta de todo lo que he llorado estos días, de las vueltas que le he dado a todo y de las ganas de mudarme de ciudad y desaparecer que me han invadido en los momentos más bajos. Por suerte, en casi todos tenía a Silvia y a Andrea conmigo para distraerme y sacarme esas ideas estúpidas de la cabeza. Aunque todavía no lo veo totalmente descabellado.

Recorro los pasillos del súper como una autómata y apenas me fijo por dónde ando o lo que echo al carro. Solo sé que llevo una buena cantidad de chocolate y helado, además de algunas cosas que me han apuntado mis amigas para que no me limite a coger alimentos antidepresivos, como los llama Silvia.

Estos días ha estado más graciosa y payasa que de costumbre, y sé que se debe a que quiere hacerme reír. De la misma forma que Andrea ha sido incluso más dulce de lo que es normalmente, hasta el punto de que Silvia le ha soltado que era tan dulce que iba a salirle una caries. Y admito que eso me ha hecho bastante gracia y ha sido la primera vez que me he reído en toda la semana.

Supongo que ha sido gracias a sus esfuerzos que al menos he podido salir de la cama estos días y que hoy haya decidido incluso salir a comprar y que me diera el sol en la cara. Me hacía falta.

Continúo paseando por los pasillos y echo un par de cosas

más en el carro, pero no es hasta que llego a la sección de lácteos cuando levanto la cabeza al oír una voz que no me resulta familiar que diga mi nombre.

—Vera, hola.

El corazón se me salta un latido cuando lo reconozco. Me giro hacia él y trato de dedicarle una sonrisa educada, aunque me cuesta porque, si bien no es la última persona que querría que me viera así, sí que es la penúltima.

—Hola. Fran, ¿verdad?

Él asiente con la cabeza y un amago de sonrisa.

Es la ley de Murphy: si sales a la calle con un chándal horrible, un moño mal hecho y sin arreglar, seguro que te vas a encontrar con algún conocido. Para mi desgracia, también ha resultado ser uno de los amigos de César.

—¿Qué tal todo? —me pregunta con una naturalidad que me desconcierta. ¿César no le ha hablado de lo que ha pasado entre nosotros?

—Pues voy tirando —contesto encogiéndome de hombros.

—Si te consuela, él está peor.

De acuerdo, eso me saca de dudas. Sí que han hablado de mí y de toda esta situación. Aun así, tener la confirmación de que César lo está pasando mal, aunque era algo que me imaginaba, no me hace sentir mejor. De hecho, me hunde todavía más, porque es culpa mía y no sé cómo arreglarlo.

—Oye —dice con un tono suave—, no es que quiera meterme, aunque tampoco puedo evitarlo, claro. César es mi mejor amigo desde la infancia y me jode verlo mal. Lleva desde que os separasteis como un alma en pena y eso en él es preocupante, dado lo positivo y alegre que es siempre. Ya sabes.

Se me encoge el corazón y tengo que agachar la cabeza para contener las ganas de llorar. Si llego a saber que voy a terminar de nuevo hundida en la miseria, me habría quedado en casa, bajo mi edredón.

—Yo tampoco estoy para tirar cohetes —murmuro como una defensa pobre que en realidad sé que no me merezco.

—Lo sé, no hay más que verte.

—Vaya, gracias —digo con un amago de sonrisa mientras me limpio una lágrima de la mejilla. No he podido retenerla cuando se me ha escapado al pestañear.

Fran me sonríe con ternura y eso me hace sentir un poco mejor. Extiende una mano y con un dedo me limpia la cara también en un gesto amable. Se lo agradezco con una pequeña sonrisa sincera. Seguramente nos habríamos llevado genial si esto entre César y yo hubiera salido bien.

—No lo digo con mala intención, entiéndeme —se disculpa con la mirada—. Es normal que los dos estéis en la mierda ahora mismo. Es una situación bastante difícil, pero no podéis limitaros a tirarlo todo a la basura como si fuera un pañuelo usado y olvidaros de ello. Por lo que me ha contado él, no es algo que se olvide fácilmente.

Me obligo a no sentir esa calidez que me transmiten sus palabras, porque en realidad no estoy segura de si el hecho de que no podamos olvidarnos de esto es algo bueno o solo lo complica más. Aun así, la única respuesta que le doy a Fran es:

—No eres el primero ni el segundo que me lo dice.

Una sonrisa torcida aparece en su cara. En cualquier otra persona podría parecer arrogante y superior, pero realmente no transmite nada de eso, solo tranquilidad.

—Entonces, es muy poco probable que todos estemos equivocados, ¿no crees? —Ahora entiendo por qué César hablaba tan bien de él; sí que son muy parecidos, y deben de entenderse muy bien—. No sé por tu parte porque es la segunda vez que hablamos, pero te puedo asegurar que para César no ha sido solo un rollo.

—Tampoco para mí —me apresuro a decir, aunque enseguida me arrepiento por la efusividad de mis palabras.

Todavía tengo un lío tremendo en la cabeza y no quiero marear al pobre Fran ni que le diga a César nada de lo que he podido decir o cómo se ha podido interpretar. Sé que hablar así de él y declarar que para mí no han sido solo unas semanas de diversión, que han significado mucho más, no ayudaría a que César estuviera tranquilo. Y, al contrario de lo que han provocado mis últimas acciones, no quiero que sufra por mi culpa.

—Díselo —me insta Fran con suavidad pero decisión.

—Fran... —Suspiro con pesadez. Me encantaría decirle que no es tan fácil, pero él se me adelanta.

—Puede que creas que lo sabe, pero a veces necesitamos escuchar ese tipo de cosas y sentir que la otra persona está al mismo nivel que nosotros, que es capaz de arriesgar lo mismo que nosotros. No podemos esperar que los demás sepan leer nuestra mente o interpretar nuestros gestos. Tenemos que decir lo que sentimos y lo que necesitamos para que los demás tengan al menos la opción de dárnoslo. Si no le dices cómo te sientes y lo que necesitas de él, César no va a saber cómo hacerlo para que te sientas segura.

»Él ahora te necesita y, por lo que me estás dando a entender, tú también lo necesitas a él. No es lógico que os neguéis el uno al otro si os hacéis tanto bien. O... que tú le niegues poder estar contigo. Ahí la que está tomando la decisión por los dos eres tú, y eso no es justo para él. Dale la oportunidad de arreglarlo y de que os enfrentéis a lo que sea que esté por venir juntos.

Aprieto los labios y agarro con fuerza el tirador del carro. Sé que tiene razón y que todo lo que ha dicho tiene sentido y sería lo más lógico. También sé lo que más me gustaría en este momento: ir a su casa y decirle que me da igual lo que ocurra siempre que estemos juntos, pero...

—No es tan sencillo —murmuro.

—Ya —suspira él esta vez—, y eso es una mierda, de verdad que lo entiendo. Estáis en una situación muy jodida. Pero ¿no crees que merece la pena luchar por lo que tenéis? ¿Juntos? Si es tan bueno como para que os hayáis arriesgado hasta ahora, ¿por qué no seguir defendiéndolo hasta el final por algo que vale tanto la pena?

Nos quedamos en silencio, con esa pregunta retumbando a nuestro alrededor y que va a costarme mucho hacerla desaparecer de mi cabeza. De nuevo tiene razón y yo debería ser más valiente. Por César y por mí. Porque no puedo pasarme la vida teniendo miedo a sentir y que ese temor me haga hacer daño a los que quiero.

Joder...

—Tengo que irme. —La voz de Fran vuelve a sacarme de mis pensamientos—. Me alegro de haberte visto. Al menos puedo decirle a César que estás viva —bromea, y a mí me hace sonreír de verdad.

—Gracias por hablar conmigo —le digo amagando una sonrisa.

—No tienes que darlas. Solo te pido que, si vas a luchar por él, te decidas rápido.

Frunzo el ceño, confundida por el tono medio arrepentido en que lo ha dicho. Lo veo torcer el gesto y me da la sensación de que mentalmente está regañándose por haberlo pronunciado. No debería preguntar, porque no es justo que le haga pasar más vergüenza, pero, aun así, mis labios se mueven más rápido de lo que mi cerebro puede procesar.

—¿A qué te refieres?

Fran aprieta los labios y hace una mueca, chasquea la lengua y, finalmente, contesta con voz dolida:

—No sé si debería decirte esto, pero esta tarde ha quedado con su ex en su casa.

Capítulo 36

César

No sé ni por qué estoy nervioso. Ayer escribí a Judith para decirle que podía venir esta tarde a casa a recoger una caja con cosas suyas que todavía guardaba desde antes de que se fuera, y va a pasarse en un rato a por ella.

Supongo que mi nerviosismo se debe a estar a punto de reencontrarme con una persona que, en su momento, significó mucho para mí. No es que siga sintiendo lo mismo por ella; tengo claro que no. Es simplemente el hecho de volver a verla, como si fuera una antigua amiga de la que hace años que no sé nada. Al fin y al cabo, antes de estar juntos, éramos buenos amigos, y eso no se olvida con facilidad.

Tengo la caja lista en medio del salón desde ayer, porque tampoco quiero alargar este encuentro más de lo necesario. Quizá por eso, cuando oigo el telefonillo, casi me precipito a abrir la puerta. Cuanto antes empiece, antes terminará.

Cuando Judith aparece por las escaleras, con esa melena pelirroja hasta la mitad de la espalda que tanto la caracteriza, me yergo. Sus ojos encuentran los míos y una sonrisa amable tarda apenas un par de segundos en dibujarse en su cara. Yo se la devuelvo por cortesía, igual que el abrazo que me da.

—Hola —me susurra al oído, y enseguida se separa.

—Hola —contesto con las manos todavía en su cintura.

La suelto y me aparto de la puerta para cederle el paso. Ella entra y hasta yo me doy cuenta de que se siente una extraña en la casa que un día compartimos. Es lógico, apenas queda nada de lo que alguna vez fue nuestro hogar; he cambiado los muebles de sitio en un par de ocasiones, y hasta los cuadros que escogimos juntos ya no cuelgan de las paredes. Es la misma casa, pero un hogar diferente.

La veo entrar en el salón y mirar a su alrededor, como si buscase algo que reconocer, pero no dice nada. Solo se vuelve hacia mí y sonríe entre emocionada e incómoda.

—Se me hace raro estar aquí otra vez.

Asiento con la cabeza muy despacio. La entiendo. A mí también se me hace raro verla en este espacio de nuevo. Apenas ha cambiado en estos pocos años, casi es como si volviéramos atrás en el tiempo. No quiero ponerme nostálgico, así que me aclaro la garganta y decido ir al meollo del asunto.

—Encontré esto con varias cosas tuyas —digo acercándome a la caja en cuestión—. No sé si necesitas algo o vas a querer deshacerte de ello, pero no me pareció apropiado tirarlo sin más.

—Gracias.

De nuevo, un silencio incómodo nos envuelve. Yo intento mirarla lo menos posible, porque creo que eso solo hará que la situación sea todavía más violenta, y ella se muerde el labio inferior sin saber qué decir.

—Si quieres echarle un vistazo ahora... —rompo la tensión como puedo.

—Sí, bueno, mejor cuando esté en casa de mis padres.

Vuelvo a asentir y el silencio se instaura de nuevo. Es absurdo. Es como si fuéramos dos desconocidos que no tienen nada mejor de lo que hablar que del tiempo. Para nada parece que hayamos compartido una vida juntos entre estas paredes.

—No quiero entretenerte —digo con tal de no alargar esta pesadez en el ambiente—, no sé si tienes prisa o algo que hacer...

—Tengo tiempo para una cerveza —me interrumpe con una sonrisa casi suplicante— si me invitas.

Me quedo callado, mirándola con una mezcla de sentimientos.

Por un lado, no sé si me apetece tomar algo y recordar viejos tiempos con mi exnovia cuando estoy en medio de una crisis con la que creo que es mi novia actual. No porque piense que mis sentimientos por Vera vayan a cambiar —a estas alturas ya estoy totalmente perdido por ella—, sino porque no me apetece que mi ex me vea en este estado de desconcierto y casi depresión.

Sin embargo, por otro lado, puede que me venga bien hablar de esto con alguien más aparte de mis amigos y, sobre todo, tener un punto de vista femenino. O ni siquiera eso, tampoco tengo por qué hablar con ella sobre Vera. Solo charlar y ponernos al día de los últimos años por simple curiosidad. Quizá eso me ayude a distraerme y a no romperme la cabeza pensando en Vera y todo lo que tenemos encima.

Al final, la balanza se inclina hacia esta segunda opción y termino sonriendo.

—Vuelvo en un minuto —digo antes de desaparecer por el pasillo, camino de la cocina.

Creo que he hecho bien en aceptar tomarme algo con Judith. Desde que he dejado los botellines encima de la mesa, el ambiente ha cambiado y de repente nos veo riéndonos y bromeando como hacíamos antes, aunque sin esa complicidad que solíamos compartir. Es, efectivamente, como estar con un amigo al que hace años que no ves.

Hablamos del trabajo, sobre que sigue siendo recepcionista pero en un hotel de categoría del centro de Madrid, y yo le cuento que ahora soy profesor en el grado de Bellas Artes de la Universidad de Cuenca. Su familia sigue igual de bien; de hecho, ha sido tía hace unos pocos meses. Me ha enseñado algunas fotos de la hija de su hermano. En mi caso, le comento que mis padres también se encuentran bien y espero que durante muchos años más.

Por lo visto, está saliendo con alguien desde hace casi un año y es feliz. No trabajan juntos y todavía no comparten piso; se lo están tomando con calma, según ella, porque no quiere precipitarse. Al oírlo me tenso un poco, pero aun así le cuento que estoy conociendo a alguien y que también nos lo estamos tomando con calma. No sé si se da cuenta de la duda en mis palabras o en mi tono —o al menos no parece notarlo—, pero le agradezco que no diga nada más aparte de que se alegra por mí.

Hace una semana que no sé nada de Vera y eso me está matando. Duermo poco y mal, y eso se ve reflejado en mis ojeras, aunque, gracias a Dios, nadie lo ha comentado ni en la universidad ni en mi círculo personal, a pesar de que seguro que a más de uno no le ha pasado desapercibido. No sé cuánto tiempo seguiremos en esta situación, pero tampoco estoy seguro de poder soportarlo mucho más.

Judith y yo estamos hablando de un viaje que tiene pensado regalarles a sus padres fuera de España cuando el timbre de la puerta me distrae. Ella se detiene y yo me levanto para ver de quién se trata. Me asomo a la mirilla y me quedo sin respiración. Se me seca la garganta al momento de reconocerla, pero la premura y las ganas de comprobar que mi subconsciente no me engaña me obligan a abrir la puerta.

Vera se encuentra frente a mí con una expresión entre triste, suplicante y asustada. Tiene las mejillas encendidas y la respiración acelerada; debe de haber venido corriendo y haber estado llorando. Se me encoge el corazón y solo siento ganas de abrazarla.

—Hola —dice con una voz tan rota y llena de súplica que tengo que clavar los dedos en la madera para anclarme en la puerta y no rodearla con los brazos y prometerle que no pasa nada, que todo está bien.

Lo que ocurre es que no tengo ni idea de si en realidad, entre nosotros, todo está bien.

Sábado, 15 de octubre, 09.48 horas

Hacía horas que César había sucumbido al cansancio del día, la noche y todas las emociones que había experimentado y había cerrado los ojos. Su respiración era pesada y tranquila, lo cual hipnotizó a Vera, que no había sido capaz de conciliar el sueño. Se había dedicado a mirar cómo dormía, a rememorar cada momento y cada historia que habían compartido esa noche con una mezcla de calidez y temor.

A pesar de que César había puesto todo su empeño en que dejara de sentirse así, Vera seguía teniendo la impresión de que, en cuanto cerrara los ojos, todo desaparecería y todo lo que había sentido con César no habría sido más que un sueño. Quizá por eso no quiso dormir y prefirió dar vueltas en la cama, bien contemplándolo a él mientras descansaba tan plácidamente o bien analizando su dormitorio, que ya se sabía casi de memoria.

Hacía un par de horas que el sol había asomado por la ventana, pero Vera había optado por bajar la persiana y retener un poco más el avance de la mañana, tratando de alargar unos pocos minutos más ese oasis que César había creado para los dos.

Ese universo que habían conquistado y que en aquel momento reclamaban como suyo.

Sin embargo, el final era inminente y la luz del día cambiaría muchas cosas entre ellos.

Ya no serían dos desconocidos recorriendo los rincones más especiales de Cuenca, haciéndolos suyos, y conociéndose como no habían permitido nunca a nadie antes. Y aquello aterraba demasiado a Vera.

Temía ese cambio, el hecho de que la ilusión se desvaneciera y todo hubiera resultado ser fruto de su imaginación o incluso peor: ser un fraude para él; que se sintiera engañado cuando descubriera todos los miedos y todas las grietas que ella escondía y que tenía anclados en su ser.

Odió esa sensación, la de no ser suficiente y que eso repercutiera en lo que fuera que estaba empezando a sentir por él; la sombra de la duda que cada vez se hacía más grande en su pecho; que aquel sentimiento al que no quería ponerle nombre se hiciera tan grande que terminara explotando y haciéndoles daño a los dos. Sobre todo a ella. Porque no estaba segura de poder soportarlo.

Quizá fue esa la razón por la que dejó que su miedo tomara el control de la situación, para no arriesgarse a salir herida.

Sábado, 15 de octubre, 10.12 horas

La puerta de un apartamento se cerraba con sigilo, dejando atrás muchas palabras, miradas y confesiones que ni la persona que se marchaba ni la que se quedaba dentro olvidarían.

Capítulo 37

Vera

No sé en qué estaba pensando al salir corriendo del supermercado de esa forma, dejando a Fran con la palabra en la boca y el carro en medio del pasillo.

Bueno, sí que lo sé, pero es algo que me da tanto miedo que creo que solo voy a poder decirlo delante de él. Él, que me mira con esa preocupación en los ojos que siempre muestra hacia mí. Debo de tener un aspecto horrible ahora mismo, pero me da igual. No puedo seguir escondiéndome detrás de la barrera y fingiendo que no siento lo que siento. Ya no lo puedo ocultar. Y tampoco quiero hacerlo.

—Hola —digo con voz entrecortada.

Él traga saliva antes de contestar.

—Hola. ¿Estás...?

—No —lo interrumpo, porque sé lo que va a decir—, no estoy bien. Hace una semana que no lo estoy, y es culpa mía. Al igual que también lo es que tú estés mal. Y lo siento muchísimo. Todo esto... lo he liado yo, porque soy una cobarde y una cría. Me da un miedo atroz lo que siento por ti. Llevo aterrada desde la primera noche que nos conocimos, porque creo que incluso entonces ya lo sabía y por eso mi instinto me pidió salir de ahí. Me aterró creer que sería vulnerable si me permitía sentir, y ahora todo se ha vuelto mucho más complicado.

César me escucha con ojos esperanzados y en silencio. Está aguardando a que siga hablando y que diga directamente lo que ambos estamos pensando, lo que ambos llevamos tiempo sabiendo pero no hemos dicho en voz alta por mi estúpido miedo. A mí se me acelera tanto el corazón que tengo que cerrar los puños para que no me tiemblen las manos antes de continuar.

—Sé que lo he estropeado todo y que a lo mejor ya estás harto de esperarme y de ser paciente conmigo. Tú siempre lo has tenido más claro que yo, o al menos sí te atrevías a llamar a lo que teníamos por su nombre, aunque no lo hicieras en voz alta para que yo no saliera corriendo. Lo siento tanto... —repito ya notando los lagrimones surcar mis mejillas—, siento ser una cobarde y no haberme atrevido antes a admitir que me estaba enamorando de ti.

César respira hondo de manera irregular también. Es irónico que sea yo la primera que lo dice de los dos cuando en realidad él lo había visto mucho antes. Quizá también aquella noche. Y él se atrevió a aceptarlo sin dejar que la incertidumbre ni el desconcierto lo retuviesen.

Me paso la mano por la cara para limpiarme las mejillas y trato de respirar hondo, pero no aparto la mirada de él. No pienso hacerlo nunca más si él me da esta oportunidad.

—Sé que tenemos muchos obstáculos delante y que probablemente vengan más, pero no quiero seguir agachada en la trinchera ni esconder lo que siento. Estoy cansada de no permitirme ser feliz. —Me lleno los pulmones de aire justo antes de añadir con la voz tan clara y decidida que encuentro—: Te quiero. —Noto mis hombros más ligeros de repente solo con haber dicho esas dos palabras, y casi siento ganas de reír de lo liberador que es—. Te quiero y quiero luchar por ti, por nosotros. Quiero seguir viviendo en nuestro universo y descubrir cada rincón contigo. —Trago saliva y trato de controlar el temblor de mi voz—. Si tú también quieres.

César no dice nada mientras yo espero a que mis balbuceos desordenados hayan sido un poco claros y que él me haya entendido. Sigue mirándome como si estuviera en shock durante más de un minuto en el que lo único que se oye son los latidos acelerados de mi corazón.

No, no es lo único. También unas pisadas acercándose a su espalda, y después veo detrás de él la figura de una chica alta y pelirroja muy guapa que clava los ojos en mí con una mezcla de disculpa y compasión.

Se me cae el alma a los pies y un pinchazo agudo en el pecho aparece de repente. Debe de ser su ex, con la que estuvo a punto de casarse hace unos años. Ella también me mira sin saber dónde meterse, seguramente haya oído todo mi discurso.

Dios mío, me quiero morir. Él, aquí con su exnovia, y yo declarándome como una chiquilla. Qué vergüenza. Tengo que salir de aquí.

—P-Perdón —digo alternando la vista entre ambos.

César sigue sin decir nada, apenas se ha movido y continúa mirándome como si no pudiera creer todo lo que acabo de decir. Me encantaría añadir algo más, pero siento que cualquier cosa que diga ahora mismo solo me haría quedar más en ridículo. Así que de nuevo hago caso a mi instinto de supervivencia y me doy la vuelta con premura para bajar las escaleras corriendo y salir a la calle en busca de aire.

Capítulo 38

César

Todavía estoy mirando el hueco que había estado ocupando Vera mientras decía todas esas cosas, mientras me abría su corazón y se exponía ante mí como no lo había hecho antes, y yo no he sido capaz de contestar nada. Me ha paralizado la impresión de verla aquí, lo inesperado de la situación. Tenía la esperanza de que en algún momento ella diera señales de vida y yo pudiera respirar por fin sin sentir esa piedra aplastándome el pecho. Un mensaje, una llamada. No creí que apareciera en la puerta de mi casa de la nada y mucho menos que fuera a decir todo eso.

—César.

Cosas que ella siente, que yo siento. Que los dos sabíamos que estaban ahí, pero que ninguno se atrevía a mirarlas por si acaso. Pensaba que tal vez en un futuro podríamos apreciarlas y hablar de ellas, aun con miedo pero valorándolas, cuando Vera se sintiera preparada para ello. No creí que esto fuera a ocurrir y por eso no he sido capaz de pronunciar una sola palabra durante su declaración. Me he quedado completamente bloqueado porque no podía creerlo.

—¡César!

La voz de Judith a mi espalda, junto con el pequeño empujón que me da, me hacen pestañear y volverme hacia ella. Se me había olvidado que estaba ahí. ¿Cuánto habrá oído?

Joder... Vera se ha ido cuando Judith ha aparecido detrás de mí. Debe de haber pensado que estaba ocurriendo algo que no puede estar más lejos de la realidad. Y encima yo me quedo callado, sin reaccionar de ninguna manera, alimentando las fantasías que habrán aparecido bombardeando su cabeza. Mierda.

Judith me mira con los ojos muy abiertos y una expresión entre sorprendida y de incredulidad, casi recriminándome algo.

—¿Qué haces? —me pregunta de forma acusadora, y yo no sé qué contestar—. ¿Esa chica acaba de abrirte su alma y tú no eres capaz de responder? Ve detrás de ella.

Cinco segundos. Es lo que tardo en pestañear de nuevo, despertar de mi ensoñación y apresurarme a coger las llaves de casa antes de lanzarme escaleras abajo. Le grito a Judith que volveré en cuanto pueda y no espero a que me conteste.

Salgo del portal mirando a ambos lados por si acierto a verla, pero no la encuentro. Tengo el corazón a mil y a punto de salirse por mi boca. Joder.

«Piensa, César, piensa. Seguramente se haya ido a casa, solo tengo que seguir el camino hacia su edificio.»

Echo a correr hacia mi derecha, esquivando a la gente con la que me cruzo como puedo, y tropiezo varias veces, pero no llego a caerme. Pido disculpas en distintas ocasiones, aunque todo se me olvida cuando atisbo una figura que me parece la suya que camina apresurada mientras se pasa las manos por la cara y mueve la cabeza de un lado a otro.

Tiene que ser ella.

Acelero el paso y le doy alcance. Freno casi de golpe a su lado y ella se detiene asustada con un respingo. Sus ojos color miel se clavan en mí con la misma intensidad que la primera vez, solo que en esta ocasión están rojos, hinchados y acuosos. Se me parte el corazón.

—Vera —digo su nombre entre bocanadas de aire.

Ella no dice nada, solo aprieta los labios para contener el llanto. Esta vez no me contengo y le sujeto la cara con ambas manos, acariciando sus mejillas y eliminando cualquier rastro de lágrimas que pudiera quedar.

—Lo siento —me disculpo yo esta vez—. Perdóname. Me ha cogido por sorpresa, no esperaba que fueras a decirme todo eso y tampoco tenía preparada una forma de decirte lo que siento.

—No... Yo tampoco lo había planeado —responde con cierta vergüenza por haber seguido un impulso—. Es que —traga saliva— he visto a Fran en el supermercado y me ha dicho que tú... y tu ex...

No es capaz de terminar la frase, pero no importa. Puedo imaginarme lo que Fran ha dicho y lo que ha dejado que ella pensara: que iba a volver con Judith, para que Vera reaccionase y viniera a buscarme. No creo que engañarla haya sido lo más acertado, pero al menos nos ha ayudado a desbloquear esta situación. Tendré que darle las gracias la próxima vez que lo vea.

—No es lo que crees —digo para tranquilizarla sin dejar de dibujar círculos en sus mejillas—. Judith solo ha venido a por unas cosas suyas que tenía desde hacía tiempo, y se ha quedado a tomar una cerveza. No ha pasado ni iba a pasar nada entre nosotros, porque... —me paso la lengua por los labios, nervioso— porque yo también llevo sintiendo esto desde la primera vez que nos vimos. Lo sentí entonces y lo sigo sintiendo ahora.

Puede que con más fuerza porque te conozco mejor, porque me has dejado verte de verdad y lo que he visto me ha encantado. Y estoy seguro de que este sentimiento solo puede ir en aumento.

Ella me observa con ese brillo esperanzador en la mirada que me vuelve más loco cada vez que lo veo.

—Vera, te quiero. —Se me escapan unas cuantas carcajadas y miro al cielo por la inesperada sensación que se extiende en mi pecho—. Joder, qué bien sienta decirlo en voz alta por fin. Estoy tan jodidamente enamorado de ti que podría gritarlo a los cuatro vientos. Me muero por seguir conociendo nuestro universo, a ti, que tú me conozcas y que nada más nos frene.

»Entiendo que a veces no puedas evitar entrar en pánico, pero, cuando eso ocurra, no me apartes. Déjame acompañarte y que encontremos una solución juntos. Dijiste que yo era tu mar en calma. Entonces, búscame y déjame darte esa paz que necesitas. No me alejes de ti. Un día de playa necesita el mar y el sol; solos no podemos funcionar, nos necesitamos el uno al otro.

Apoyo mi frente en la suya sin dejar de sonreír, gesto que se le contagia a ella, y entonces me permito volver a besarla con todas las ganas que llevo conteniendo estos días que no la he visto. Ella se aferra a mi espalda con fuerza mientras mis dedos se anclan en su nuca, y nos besamos con necesidad, respirándonos el uno al otro, como si fuera la primera vez.

Cuando nos separamos al cabo de un par de minutos, la miro y es como si ya no tuviera que contener el amor detrás de mis ojos. Vera también me dedica una sonrisa amplia y feliz, llena de una calma que no había visto en ella antes.

—Todavía hay algunas cosas que tenemos que arreglar —dice tan decidida que me sorprende.

—Lo sé —contesto sin soltarla y tan firme como puedo. Necesito que siga sintiendo que esto va a salir bien como está haciendo ahora—, y vamos a hacerlo juntos, ¿de acuerdo? Tenemos que estar tranquilos y pensar cómo solucionarlo.

Vera asiente con la cabeza y me abraza con más ganas, como queriendo convencerme de que está dispuesta a luchar por nosotros, y a mí no me hacen falta más pruebas. La aprieto contra mí porque quiero que entienda que yo también estoy seguro de lo que vamos a hacer. Más que nunca.

Capítulo 39

Vera

He perdido la cuenta de las respiraciones profundas que he tenido que tomar en la última hora. Sin hablar de lo mal que he dormido esta noche y, en consecuencia, también César, porque ha notado cada vuelta que he dado en la cama y hasta ha sufrido alguna que otra patada involuntaria.

El fin de semana ha sido una montaña rusa de sentimientos, pero esta vez no me he dejado llevar por el pánico y me he aferrado a César y la calma en su voz para encontrar estabilidad mental. Hemos hablado largo y tendido sobre todo: nuestros sentimientos, lo que queremos el uno del otro y las opciones que tenemos para actuar a partir de ahora con todo lo relacionado con la facultad.

Es lunes de nuevo y es la primera vez que vamos juntos a la universidad, lo que hace que mi pulso esté acelerado todo el rato, por los nervios de que nos vean juntos y por lo que estamos a punto de hacer.

Caminamos por los pasillos uno al lado del otro. No nos estamos tocando ni cogiendo de la mano, pero me doy cuenta de que algunas personas nos miran y murmuran. Se intuye que algo hay, que no nos hemos encontrado por casualidad. Y, al contrario de lo que pensaba que ocurriría, me siento liberada por ello, no tenemos que escondernos.

Subimos a la segunda planta y, de nuevo, recorremos un pasillo largo hasta llegar al despacho del rector. César y yo intercambiamos una mirada sin pronunciar una sola palabra. Él también está nervioso, pero no lo exterioriza tanto como yo porque no quiere alterarme más. Lo veo tragar saliva antes de sonreírme y yo intento devolverle el gesto. Me tiembla tanto la comisura derecha que él entiende que necesito algo más de apoyo, así que no duda en envolver mi mano con la suya y apretarla para darme seguridad.

—Lo que tenga que ser, será, ¿vale? —susurra, y yo asiento repitiéndome sus palabras mentalmente—. Estamos aquí porque queremos y para hacer frente a la situación. Juntos.

Lo miro de nuevo y enseguida encuentro mi mar en calma, mi día de sol y playa. La puerta de nuestro universo. Entonces respiro hondo otra vez y mi sonrisa se alza más decidida. Él me da un último apretón y me suelta antes de dar tres toques en la puerta.

—Adelante —nos invita una voz grave de hombre desde el interior.

César abre la puerta y asoma la cabeza.

—¿Se puede?

—Ah, sí, César, pasa. Precisamente quería hablar contigo.

Se me acelera el corazón. Así que ya lo sabe. Esa compañera debe de haberlo informado a lo largo de la semana pasada. Lo extraño es que no se hayan comunicado con nosotros antes, pero supongo que el hecho de que vengamos por decisión propia al menos habla bien de nosotros.

César carraspea incómodo y termina de abrir la puerta, dejándome a mí también a la vista del rector, quien me mira con el ceño fruncido durante un segundo y después suspira.

—Bueno, al menos estáis los dos aquí ya. Pasad y sentaos.

Entro delante de César y ambos tomamos asiento en las dos sillas que hay a este lado del escritorio. El rector parece enfadado, casi diría que frustrado y cansado, lo cual me tensa y me yergue la espalda. No creo que eso sea bueno.

—Me han llegado rumores de una relación de carácter inapropiado entre un profesor y una alumna —empieza a hablar, y, sin darnos cuenta, César y yo nos miramos un segundo. Ambos entendemos que ha sido esa chica—. Lo peor es que no ha sido una única persona, eso es lo que me ha preocupado más.

Ambos fruncimos el ceño, pero no nos volvemos a mirar. Sería demasiado obvio, aunque sí que nos queda la duda de quién más podría habernos delatado. Quizá alguien que nos viera por la calle en algún momento o nos encontrase en una situación comprometida.

Ay, joder... Daniel. El profesor con el que César comparte despacho. Debió de sospechar aquel día en el aula de pintura. No es que fuéramos muy discretos que digamos, y la gente no es tonta. Seguro que ni siquiera es el único que tenía sus sospechas.

—Y me ha sorprendido que vuestros nombres aparecieran en esas conversaciones tan seguidas —continúa el rector, ajeno a mis elucubraciones—. ¿Podéis explicarme por qué?

Miro a César sin saber si quiere ser él quien empiece a hablar o que lo haga yo, aunque lo cierto es que no tengo ni idea de si podré reproducir palabra alguna. Él se vuelve hacia el rector y carraspea justo antes de empezar a hablar.

Como habíamos acordado durante este fin de semana, se lo contamos todo. Cuándo nos conocimos, que no sabíamos que al cabo de unos meses nos encontraríamos en esta situación, cómo intentamos limitarnos a nuestros roles en la facultad y olvidar lo demás, que nos fue muy difícil vernos tan a menudo y fingir que no pasaba nada y, finalmente, que aceptamos que no nos quedaba más remedio que hablar con él.

Nos abrimos en canal porque consideramos que lo mejor ahora mismo es ser sinceros y también nos disculpamos por el revuelo que se ha montado en torno a este tema, dejando claro que en ningún momento quisimos que todo explotara de esta manera.

Cuando acabamos, el rector se queda callado durante un par de minutos que a mí se me hacen eternos y hacen que oiga mis latidos retumbarme en los oídos. Después levanta la cabeza y nos mira muy serio.

—¿Seguís juntos ahora?

—Sí, señor —responde César con una seguridad que me calienta el pecho, aunque intento disimularlo—, y, si es posible, nos gustaría encontrar una solución para que esto no afectara ni a los estudios de Vera ni a mi trabajo aquí.

Eso es algo que también habíamos hablado: primero buscamos una alternativa; después ya se verá. Algo que me ha enseñado César es que no podemos simplemente sacar problemas y problemas, también es necesario aportar posibles soluciones.

Otro silencio.

César y yo esperamos intentando no delatar nuestro nerviosismo ni impaciencia mientras el rector tamborilea con un dedo sobre el escritorio y mira al techo pensativo. Al final, se aprieta el puente de la nariz y resopla por esta antes de volver a dirigir la mirada hacia nosotros.

—Está bien —acaba por decir—, no te abriré un expediente disciplinario por esto —dice señalando a César, quien se contiene para no soltar un suspiro de alivio, aunque sí que se puede ver que sus hombros se relajan un poco—, pero no voy a permitir, si continuáis con esta relación, que estéis en la misma aula. No sería apropiado ni lógico. Tendría muchísimas quejas de otros alumnos por si vuestra vida privada está repercutiendo de forma ilícita en tus resultados académicos —añade dirigiéndose a mí.

Asiento con la cabeza sin pronunciar palabra. Trago saliva y me duele la garganta al hacerlo. Hace rato que he entrelazado las manos sobre mi regazo porque había empezado a notar un ligero temblor, y no quería que ni el rector ni César lo vieran. No ayudaría en nada.

—Tampoco voy a expulsarte por algo que empezó antes de que César resultara ser tu profesor, porque entiendo que ahí no había ningún conflicto de intereses.

Casi siento ganas de llorar de alegría y alivio. En cambio, aprieto los labios y muevo la cabeza hacia los lados. No lo había. Es más, si hubiera sabido que César era profesor, seguramente ni siquiera nos habríamos acercado aquella noche en el bar. Y no habríamos sabido todo lo que el otro escondía y todo lo que podríamos hacernos sentir.

—Entonces, ¿qué se puede hacer? —pregunta César por los dos.

—Lo más lógico es que dejéis de compartir asignatura. —El rector se vuelve hacia César—. No puedo cambiarte de grupos o de departamento porque estás sustituyendo a Jaime y él tiene unas clases muy concretas; sería un caos volver a estructurar los horarios para ti u otro profesor. Así que lo más sencillo es que tú —se gira hacia mí— te cambies de grupo a uno que él no imparta y que, como es lógico, deje de ser tu tutor académico. Eso evitaría el conflicto de intereses de cara al resto de los alumnos.

»Eso sí, no quiero muestras de cariño en los pasillos, aulas o despachos de la facultad. Tú vienes a trabajar y tú, a estudiar, fin. Cualquier aspecto de vuestra vida privada debe quedar fuera de este edificio.

Ambos sonreímos casi al mismo tiempo y le damos las gracias por buscar la mejor solución para todos sin que nadie salga perjudicado. Después, César y yo nos ponemos de pie y nos miramos. Nos encantaría abrazarnos ahora mismo, se puede ver con toda claridad, pero nos contenemos para no tentar a la suerte y respetar la norma que nos ha impuesto el rector.

—Toma. —Me tiende un papel después de garabatear algo en él—. Vete a tramitar el cambio de grupo y lleva esto a secretaría, di que lo he autorizado yo.

—Muchísimas gracias, señor.

Cojo el papel y nos dirigimos a la puerta. Cerramos detrás de nosotros y, de nuevo, nos quedamos mirándonos el uno al otro. Me muero por abrazarlo con fuerza de la emoción y la euforia que siento dentro. Él parece sentirse exactamente igual, pero también se contiene y se conforma con susurrarme:

—Cuando estemos en casa, voy a besarte tanto que vas a tener que suplicarme que pare.

—No creo que eso vaya a pasar nunca —contesto con una sonrisa tan amplia que estoy segura de que dentro de unos segundos empezarán a dolerme las mejillas, pero no puedo contener la emoción y la felicidad por que nuestro plan haya funcionado.

César mira su reloj de pulsera y frunce el ceño.

—Tengo que irme —dice con cierto disgusto—, tengo una clase en quince minutos y aún necesito pasar por el despacho.

—Vale, no te preocupes. Yo voy a entregar esto y rellenar lo que sea, y después me iré a clase también.

César asiente con la cabeza y yo me muerdo el labio inferior. Miro a mi alrededor, por si hay alguien cerca, y, cuando compruebo que estamos solos, rodeo su cuello con los brazos y le planto un beso en los labios. No es demasiado profundo, pero sí me ayuda a paliar un poco el entusiasmo contenido. Al menos hasta que, como él mismo ha dicho, estemos en casa y podamos celebrarlo de verdad.

Después nos separamos y él se aleja por el pasillo diciéndome que nos veremos más tarde. Yo me quedo ahí unos segundos más, sonriendo como una tonta y con unas ganas de chillar de la emoción que apenas puedo aguantar. Luego recorro el mismo camino que él y me detengo en secretaría. Apenas escucho todo lo que me dicen porque me siento flotar, como en una nube.

El peso que había sobre mis hombros ha desaparecido por completo y ya solo quedan sensaciones positivas, que alivian y hacen sentir bien. A veces el miedo es tan opaco que no deja ver todo lo que hay detrás, no deja ver las cosas buenas que también nos pueden traer las personas o los momentos. Con César he aprendido a no quedarme en esa primera barrera y a luchar por todo lo demás.

Incluso cuando el cielo está lleno de nubes negras y densas, el universo continúa ahí atrás, esperando a que nosotros lo descubramos.

Epílogo

Sábado, 14 de octubre, unos meses después

Hace meses que el curso terminó y el verano ha servido para unir y afianzar más la relación entre Vera y César. Tanto que hoy, exactamente un año después de conocerse y empezar a descubrir su universo, están dando un paso más.

—Joder, ¿qué cojones lleváis aquí? ¿Tres muertos? —se queja Rodrigo mientras carga con una caja con el rótulo VINILOS tan pesada que le cuesta subir las escaleras del edificio de César. Es el tercer viaje que hace desde la furgoneta y empieza a notar el cansancio en los brazos.

—Y luego las exageradas somos nosotras... —lo pica Silvia desde un piso más arriba, con un tostador debajo de un brazo y una mochila colgando del hombro. Se habría adelantado para no coincidir con él en el rellano, pero le hace gracia verlo sufrir durante la mudanza.

—Si quieres, te lo cambio, guapa.

—No, gracias, es más divertido verte sudar la gota gorda.

—Gorda tengo la... —está a punto de decirle Rodrigo, entrando en el juego de Silvia, pero alguien lo interrumpe.

—¿Podéis parar de una vez? —les pide Vera desde el interior

del apartamento antes de que Rodrigo suelte su improperio—. Me estoy arrepintiendo de haberos pedido ayuda. Casi habría sido mejor que hiciéramos la mudanza nosotros dos solos.

—También habría sido buena idea hacerla en varios días —responde Silvia mirándose las uñas—, así no sería tan intenso ni tendría que verle la cara a este señor.

—¿Señor? —replica Rodrigo con el ceño fruncido cuando se encuentra a su lado y deja la caja por fin en el suelo, con tan poca delicadeza que se gana una mirada de reproche de Vera; sin embargo, él no le presta atención a ella, sino a la morena que tiene a su lado—. Perdona, bonita, pero no llego a los treinta.

—Uy... Guapa, bonita... —continúa Silvia picándole—. A ver si es que de verdad va a querer enseñarme eso que supuestamente tiene tan gordo.

No lo deja responder y se mete en el apartamento de César. Rodrigo suspira y Vera aprieta los labios para no reírse.

—¿En algún momento vais a dejar esta guerra sin sentido?

—Sí, cuando a tu amiga le dé por alzar la bandera blanca.

Vera niega con la cabeza sin parar de sonreír.

Desde que en julio a César y a ella se les ocurrió juntar a sus grupos de amigos y que se conocieran, todo el mundo se ha llevado muy bien, excepto Rodrigo y Silvia, por la similitud de sus personalidades. Sin embargo, se trata de un pique sano que a todos hace gracia. O eso piensa el resto del grupo.

Vera le da unas palmadas en el hombro a su amigo y también desaparece por la puerta. Está todo revuelto y hecho un desastre, pero le da igual el trabajo que les queda por delante porque en realidad este jaleo de cajas y gente entrando y saliendo solo son la prueba de que César y ella están avanzando.

Cuando el curso terminó y la suplencia de César llegó a su fin, los dos sintieron que la ligera presión que todavía existía sobre sus hombros desaparecía por completo. El verano los ha ayudado a pasar más tiempo juntos, conocerse incluso mejor y desarrollar su relación sin ningún tipo de restricción. Han podido pasear de la mano sin miedo a las miradas, salir a cenar con tranquilidad o ir al cine en varias ocasiones. Y poco a poco Vera ha ido perdiendo ese miedo que no la dejaba progresar.

Hace un mes tomaron la decisión de irse a vivir juntos, cuando la madre de Vera regresó de su viaje por Europa. Ya prácticamente convivían, a excepción de algunos días puntuales en los que cada uno dormía en su casa, pero era frecuente que uno de los dos se trasladase al apartamento del otro durante varios días. Esto solo hizo que ambos decidieran hacerlo oficial.

César aparece por el pasillo, después de hacer hueco en el armario para la ropa de Vera. Le da un beso breve en los labios a su novia y ambos se sonríen mientras se abrazan por la cintura. También han aprendido —sobre todo ella— a llamar a las cosas por su nombre y aceptar que lo que sienten es amor y que su relación se define como la de una pareja que está empezando una vida juntos.

—¿Ya están discutiendo otra vez? —susurra César sobre los labios de Vera sin prestar atención a las dos personas que los miran desde el salón.

—Claro, no saben hacer otra cosa —le sigue el juego Vera.

—Nos están estropeando el aniversario.

—Déjalos, son unos gruñones.

—A lo mejor necesitan echar un polvo para relajarse.

—Ni muerta —los interrumpe Silvia alzando la voz.

Tanto ella como Rodrigo habían estado escuchando la conversación de sus amigos con caras de desagrado hasta que ha saltado el tema tabú entre ellos.

—Tranquila, guapa, no me va la necrofilia —responde él dirigiéndose de nuevo a las escaleras para continuar subiendo cajas.

—Otra vez con lo de guapa, a ver si de verdad vas a querer acostarte conmigo y no es tan descabellado —dice siguiéndolo escaleras abajo, pero sus voces continúan resonando en el portal mientras discuten hasta que se oye la puerta de la calle cerrarse tras ellos.

César y Vera se miran de nuevo, esta vez envueltos en un cómodo y agradable silencio. Se sonríen y entrelazan los dedos. Echan un vistazo al salón —su salón, a partir de ahora— y, a pesar de todas las cajas de ropa y cosas de Vera que hay desperdigadas, para ellos eso ya es un hogar.

El hogar que han decidido construir juntos y en el que están poniendo todas sus esperanzas. Un rincón seguro donde encontrar refugio, donde sentirse protegidos por el otro incluso cuando sus peores miedos vuelvan a llamar a la puerta. Porque este será, desde hoy, el centro de su universo.

Agradecimientos

Creo que, junto con las sinopsis, los agradecimientos son una de las partes más difíciles de escribir de una novela, porque da miedo dejarse a alguien importante fuera. Aun así, intentaré ser breve pero mencionar a todo el mundo que ha ayudado a que esta novela sea una realidad y a que Vera y César estén ahora entre tus manos.

Primero, quiero dar las gracias a Esther, mi editora, y a todas las personas del equipo de MatchStories que han trabajado en este manuscrito hasta convertirlo en la historia preciosa y maravillosa que es hoy. Gracias por apostar por mí y por mis historias, por involucrarme todo lo posible en su publicación y por creer que este manuscrito tenía que ver la luz.

Gracias a mis padres por animarme siempre a seguir soñando y escalando, aunque a veces se haga difícil la subida, por presumir de mí y mis logros en cualquier ocasión y hasta con desconocidos. Qué vergüenza me da a veces, pero me emociono muchísimo cada vez que decís lo orgullosos que estáis de mí.

Gracias a Alex por ser la cuerda que me sostiene en esa escalada y la que no deja que caiga, por aguantar cada grito de emoción y contagiarse conmigo, por ser la primera persona con la que quiero compartir cada noticia y por creer en mí hasta cuando ni yo misma lo hago.

Gracias a esos amigos que siempre están ahí apoyándome y alentándome para que siga adelante. Cristy, Nani, Alejandro, Silvia, Patri, Isa, Helena, Bea, Julia, Gema, Raquel... Seguro que me he dejado a alguien (¡perdón), pero vosotros sabéis quiénes sois y que os agradezco enormemente estar ahí y ser mis pilares.

Por último, gracias a los lectores por seguir leyéndome, pidiendo historias mías y preguntándome para cuándo algo nuevo. De verdad espero que hayáis disfrutado de la historia de Vera y César tanto como yo escribiéndola, y recorriendo cada rincón de Cuenca con ellos.

Y, particularmente, gracias a ti por llegar hasta aquí. Si has leído los agradecimiento hasta estas últimas líneas es que *14 horas en nuestro universo* te ha dejado tan buen sabor de boca que has querido apurar un poco más las últimas páginas, y no sabes lo feliz que me hace pensar que es así. GRACIAS SIEMPRE.

Nos leemos en otras páginas.

Banda sonora

Dancing Queen, ℗ 2008 Littlestar Services Limited, bajo licencia exclusiva de Polydor Ltd., interpretada por Meryl Streep, Julie Walters y Christine Baranski.

Leave Before You Love Me, ℗ 2021 Joytime Collective, bajo licencia exclusiva de UMG Recordings, Inc., Jonas Brothers y Marshmello.

Cruel Summer, ℗ 2019 Taylor Swift, interpretada por Taylor Swift.

Despacito, Universal Music Latino; ℗ 2019 UMG Recordings, Inc., interpretada por Luis Fonsi, con la colaboración de Daddy Yankee.

Despechá, ℗ 2022 Columbia Records, una división de Sony Music Entertainment, interpretada por Rosalía.

La bachata, ℗ 2022 La Industria Inc., bajo licencia exclusiva de Sony Music Entertainment US Latin LLC, interpretada por Manuel Turizo.

Sí o no, ℗ 2023 K!ngdom, interpretada por K!ngdom.